Neue Konzepte für einprägsame Events

Thorsten Knoll
(Hrsg.)

Neue Konzepte für einprägsame Events

Partizipation statt Langeweile – vom Teilnehmer zum Akteur

Springer Gabler

Herausgeber
Thorsten Knoll
TUBS GmbH
Berlin
Deutschland

ISBN 978-3-658-10154-1 ISBN 978-3-658-10155-8 (eBook)
DOI 10.1007/978-3-658-10155-8

Die Deutsche Nationalbibliothek verzeichnet diese Publikation in der Deutschen Nationalbibliografie; detaillierte bibliografische Daten sind im Internet über http://dnb.d-nb.de abrufbar.

Springer Gabler

Lektorat: Rolf-Günther Hobbeling

Gedruckt auf säurefreiem und chlorfrei gebleichtem Papier

Springer Fachmedien Wiesbaden ist Teil der Fachverlagsgruppe Springer Science+Business Media (www.springer.com)

Geleitwort – Leben im permanenten Aufbruch

Internationale Attraktivität Berlins

Berlin, das ist weltweit ein Synonym für den permanenten Aufbruch. „Berlin: Reborn to be wild", titelte 2014 eine britische Zeitung. Journalisten aus anderen Ländern sekundierten: „Berlin: European capital of cool", schrieb zum Beispiel *USA Today*. Und im Frühjahr 2015 produzierte eine der erfolgreichsten Produktionsfirmen im arabischen Raum in Berlin sogar eine 30-teilige TV-Serie unter dem Namen „Memory of a Paper". Sieben Wochen drehte das Team – es war eine der bisher aufwendigsten arabischen Produktionen im Ausland.

Ob US-Medien, arabische Sender, australische, indische oder südafrikanische Zeitschriften: Sie alle sind fasziniert vom Flair und dem endlosen Werden dieser Stadt – und von der unnachahmlichen Coolness und Gelassenheit ihrer Bewohner. Diese Kreativität und Freude an neuen Dingen begeistern Menschen in der ganzen Welt.

Dabei hat Berlin als Stadt der Innovationen und eines speziellen Lebensgefühls eine lange Tradition. Seit drei Jahrhunderten ist Berlin als Gesundheits- und Wissenschaftszentrum berühmt: Mehr als ein Dutzend Nobelpreisträger wirkten an der Spree. Hier entwickelte Max Planck die Quantentheorie und Albert Einstein vollendete seine Allgemeine Relativitätstheorie – bis heute die beiden Fundamente unseres naturwissenschaftlichen Weltbildes. Mit vier international renommierten Universitäten, sieben Hochschulen, 22 Technologieparks und Gründerzentren sowie 70 außeruniversitären Forschungsstätten ist Berlin auch heute Deutschlands größter Wissenschaftsstandort. Die Charité gilt als beste Klinik Deutschlands und ist das größte Universitätsklinikum Europas.

Vor diesem Hintergrund hat es Berlin geschafft, zu einer der globalen Gründerhochburgen aufzusteigen. 39 % aller deutschen Start-ups sind hier beheimatet. Und zu den Pflichtterminen der Szene gehört die jährliche „Berlin Web Week", Europas größtes Festival der digitalen Welt. Mehr als 18.000 Teilnehmer nutzen die Veranstaltungen, um über die neuesten Trends zu diskutieren.

Die einzigartige Kombination aus Kreativität, Kultur und entspanntem Lebensstil lockt Menschen aus der ganzen Welt an: Berlin ist Deutschlands Städtereiseziel Nummer eins und liegt auf der Liste der gefragtesten Städtedestinationen in Europa nur hinter London und Paris. Mehr als 11 Mio. Besucher sind 2014 nach Berlin gekommen und haben den Hotels der Stadt 28,7 Mio. Übernachtungen beschert.

Neben Touristen strömen auch Wissenschaftler und Unternehmer an die Spree: Die Berliner Kongressbranche wächst seit Jahren auf hohem Niveau und ist ein wesentlicher Wirtschaftsfaktor für die gesamte Stadt. Laut aktueller Statistik der International Congress & Convention Association (ICCA) haben im vergangenen Jahr 193 Kongresse internationaler Verbände in Berlin stattgefunden – mit dieser Zahl belegt Berlin im weltweiten Ranking Platz 4 der ICCA-Statistik.

11 Mio. Teilnehmer zählten die mehr als 131.000 Veranstaltungen im vergangenen Jahr in Berlin. Umgerechnet bedeutet das: Im Durchschnitt strömen 30.000 Menschen zu rund 360 Veranstaltungen, die hier jeden Tag stattfinden und mit denen Berlin als Tagungs- und Kongresshauptstadt die Besucher in seinen Bann schlägt.

Partizipation heißt: Diskutieren und Mitgestalten

Was aber macht Berlin aus? Was fasziniert die Menschen in aller Welt so sehr, dass immer mehr an die Spree kommen? Eines der großen Themen in Berlin ist Partizipation, die Teilhabe an politischen Entscheidungen. Ob es um das Tempelhofer Feld geht – auf dem ehemaligen Flugplatz wollen Bürger, Wirtschaft und Verwaltung in den kommenden Jahren gemeinsam die künftige Nutzung des rund 500 Fußballfelder großen Parks planen – oder um die Gestaltung der Energie- und Wasserversorgung: Berliner wollen mitreden und mitgestalten. So bringen viele Bewohner Berlins ihre Bedürfnisse und Erfahrungen in politische und soziale Entscheidungsprozesse ein.

Dazu gehört auch, die unterschiedlichen Wurzeln der Berliner zu berücksichtigen: Berlin ist geprägt von einer internationalen, kosmopolitischen Atmosphäre und gilt als multikulturellste Stadt Deutschlands. Zu den rund 3,4 Mio. Einwohnern zählen fast 458.000 Bürger mit einem ausländischen Pass. Menschen aus 185 Nationen wohnen in der Stadt. Sie alle wollen in Entscheidungsprozesse eingebunden werden, sich äußern und den öffentlichen Raum mitgestalten.

Partizipation setzt aber voraus, dass alle Berliner Zugang zu Mobilitäts- und Kommunikationsangeboten haben, und zwar ohne Hindernisse. Bei der Barrierefreiheit sieht sich Berlin schon auf einem guten Weg – vor zwei Jahren kürte sogar die EU-Kommission Berlin zur „barrierefreien Stadt 2013".

Nachhaltigkeit ist ein weiteres Thema, das die Menschen in Berlin seit Langem bewegt. Ob „Guerilla Gardening" oder innerstädtische Farmen, ökologisches Bauen, nachhaltige Stromerzeugung oder das „Schaufenster für Elektromobilität" als Trendsetter für die Mobilität der Zukunft – in Berlin sind aus vielen kleinen und kleinsten Projekten in Summe viele Trends entstanden, die inzwischen ganz Deutschland erfasst haben.

Darin tritt eine Eigenschaft zutage, die die Berliner so einzigartig in Deutschland macht: ihr Gemeinsinn. Er zeigt sich nicht nur im umfangreichen ehrenamtlichen und sozialen Engagement der Bürger, sondern hat auch eine ganz besondere politische Ausprägung. Wieder ist die Auseinandersetzung um das Flughafenfeld Tempelhof ein gutes Beispiel für die Fähigkeit der Hauptstädter, Stellung zu aktuellen Themen zu beziehen und daraus politische Schlüsse zu ziehen. Dazu gehören auch die leidenschaftlichen Diskussionen sowie die Auseinandersetzung um die East Side Gallery am Spreeufer: In Berlin wird gründlich hinterfragt, begeistert initiiert und offen diskutiert. Kaum eine andere Stadt erzeugt so ein Gefühl der Offenheit wie Berlin. Freiheit, Kreativität und Unternehmertum: Das sind die Werte, für die diese Stadt heute steht.

Genau darum ziehen viele junge Unternehmen nach Berlin. Nicht nur, weil es keine Sperrstunde gibt – sondern auch und vor allem, weil sie hier die passenden Rahmenbedingungen finden, um ihr Geschäft aufzubauen. Hier treffen junge Gründer Gleichgesinnte aus aller Welt, bestens ausgebildete Wissensarbeiter, ein neugieriges Umfeld und Geldgeber auf der Suche nach dem „nächsten großen Ding". Und im Vergleich zu anderen Metropolen überzeugt Berlin nach wie vor mit günstigen Lebenshaltungskosten, einer hervorragenden öffentlichen Infrastruktur sowie einer weltoffenen und kreativen Atmosphäre. Ein typisches Beispiel für den Umgang der Berliner mit Forschung und Wissenschaft sind die „Science Slams", bei denen junge Menschen ihre wissenschaftliche Arbeit wie bei einer Show auf einer Bühne präsentieren und das Feedback ihrer Zuhörer einholen.

Vernetzung und gebündelte Kompetenz

Dieser Mix aus Ambitionen und entspanntem Leben macht Berlin so einzigartig. „Die coolste Hauptstadt der Welt", schreibt der *stern*. „Hier feiert cool Germany. Die halbe Welt will nach Berlin – denn nirgendwo lebt man so frei wie an der Spree. 25 Jahre nach Fall der Mauer ist die schräge Metropole unser schönstes Aushängeschild." Zugleich hat sich Berlin rechtzeitig die nötigen Strukturen geschaffen, um die Region als Reiseziel zu vermarkten.

Seit mehr als 20 Jahren wirbt die Berlin Tourismus & Kongress GmbH unter der Marke *visitBerlin* weltweit für die Stadt und die Region. Das Unternehmen wurde 1993 als „Berlin Tourismus Marketing GmbH" mit fünf Mitarbeitern gegründet – heute sind fast 200 Mitarbeiter für *visitBerlin* in der Hauptstadt und auf allen Kontinenten in 39 Ländern aktiv, um für Berlin als Tourismus- und Kongressmetropole zu werben. Hunderte von Events weltweit nutzt *visitBerlin* zur Präsentation, tausende internationale Journalisten sind auf ihren Recherchereisen in Berlin betreut worden.

Dabei fokussieren wir uns nicht nur auf den Tourismus, sondern treiben mit unserem Berlin Convention Office auch die Vermarktung der Stadt als attraktive Kongressmetropole voran – unter anderem mit Kongress-Repräsentanzen in Großbritannien, Brasilien und den USA. Und in unserem im Mai 2015 gegründeten *visitBerlin* Convention Partner e. V. bündeln wir Berliner Locations, Dienstleister für Technik und Ausstattung, Logistikfirmen, Caterer, Kongressorganisatoren und Eventagenturen unter einem Dach. Mit dem Verein wollen wir die Anbieter in der Stadt auf neue ausländische Märkte vorbereiten, die hohen Qualitätsstandards ausbauen sowie den Informations- und Erfahrungsaustausch zwischen den Mitgliedern fördern – damit wir auch in Zukunft noch sagen können: Berlin ist bei Kongressveranstaltern gefragt wie nie zuvor.

Dazu trägt auch bei, dass wir es Kongressveranstaltern aus aller Welt leicht machen, in der Stadt eine besondere Location für ihr Event zu buchen: Unser „Venue Finder" dient dabei als Navigator durch ein riesiges Angebot aus Hotels, Veranstaltungsstätten, Restaurants und Sehenswürdigkeiten. Schon die Fülle an ganz unterschiedlichen Veranstaltungsorten macht Berlin einzigartig – etwa der CityCube Berlin, der auf ein erfolgreiches erstes Jahr zurückblicken kann und sich als Austragungsort für national und international hochkarätige Veranstaltungen etablieren konnte. Vor allem Großveranstaltungen profitieren von seiner Kapazität für bis zu 18.000 Teilnehmer. Und auch Deutschlands größtes Hotel empfängt in Berlin jedes Jahr viele Tausend Kongressbesucher: Das Estrel bietet neben seinem bereits bestehenden Veranstaltungsbereich ab Herbst 2015 in seiner „Convention Hall II" Platz für Tagungen und Kongresse mit bis zu 5200 Teilnehmern. Andere Locations locken ihre Besucher mit ihrem unverwechselbaren Flair – so wie das Westhafen Event & Convention Center (WECC) direkt an der Spree, wo die Kongressteilnehmer sogar per Boot anreisen können. Ein privater Pier macht es möglich.

Wir wissen aber auch, dass zu einem gelungenen Kongress ein attraktives Rahmenprogramm gehört. Und auch dafür bietet Berlin eine fast unüberschaubare Zahl an attraktiven Angeboten für jeden Geschmack: Incentives wie eine Fahrt in der Trabbi-Strechlimousine, eine Floßfahrt auf der Spree oder eine Tour entlang der ehemaligen Mauer verleihen den Veranstaltungen eine typisch Berliner Note. Auch die lebendige Berliner Kulturszene kann sich mit den anderen Metropolen der Welt messen – mit mehr als 175 Museen, über 440 Kunstgalerien, drei Opernhäusern sowie vielen großen und kleinen Theatern. Und nicht zu vergessen: Berlin ist eine der wenigen Städte, die drei UNESCO-Welterbestätten besitzt. Neben der berühmten Museumsinsel und den preußischen Schlössern und Gärten gehören auch die Berliner Siedlungen der Moderne dazu. Es gibt – abgesehen von der modernsten

Hotellandschaft in Europa – also viele gute Gründe, Tagungen und Kongresse in Berlin zu veranstalten.

Aber wir dürfen uns auf unseren Lorbeeren nicht ausruhen und müssen die Veränderungen in unserem Umfeld immer im Blick behalten. Darum hat *visitBerlin* sich an der Studie „Tagung und Kongress der Zukunft" beteiligt, die das German Convention Bureau durchgeführt hat. Sie hat untersucht, welche globalen Megatrends die größten Auswirkungen auf die Tagungs- und Kongressbranche haben werden – denn auch wir können uns Entwicklungen wie Globalisierung, Urbanisierung, demografischem Wandel und neuen Mobilitätsbedürfnissen nicht entziehen. Im Gegenteil: Berlin wird als internationale Kongressmetropole nur dann erfolgreich bleiben, wenn wir uns den ständig wechselnden Erwartungen unserer weltweiten Besucher anpassen. Das bedeutet konkret, dass wir uns in den Bereichen Architektur, Wissensvermittlung und Technologie kontinuierlich weiterentwickeln müssen – durch barrierefreie und nachhaltige Gebäude sowie neue Veranstaltungsformate und -konzepte, die Kongressteilnehmern optimale Bedingungen für den Wissenserwerb und die Kommunikation bieten.

Die Studie zeigt, dass der Megatrend der fortschreitenden Technisierung die Tagungs- und Kongressbranche bis 2030 in besonderem Umfang prägen und herausfordern wird. Neue Technologien werden es beispielsweise ermöglichen, Veranstaltungen zeitlich nach vorne und hinten zu verlängern und so die Wertschöpfungsstruktur zu erweitern – etwa durch eine Einleitungsphase für die Kundenbindung und eine Nachbereitungsphase für die Vertiefung der Ergebnisse. Hier eröffnen sich innovativen Anbietern neue Geschäftsmodelle und Kongressmetropolen wie Berlin neue Chancen, um ihr Profil weiter zu schärfen.

Ausblick – „Berlin ist nicht zu stoppen"

Ich bin sicher, dass wir von den Veränderungen auf dem Kongressmarkt profitieren und unsere ohnehin schon starke Stellung dadurch weiter ausbauen können – Berlin wird weiterwachsen und ein Magnet für Touristen und Geschäftsreisende bleiben. In diesem Glauben bestärken mich nicht nur die Erfahrungen der vergangenen 25 Jahre seit dem Mauerfall. Mein Optimismus speist sich vor allem aus dem ungebrochenen Einfallsreichtum der Berliner: Nicht nur die einheimische Kongressbranche hat sich als innovativer Wirtschaftszweig erwiesen – auch das kulturelle und ökonomische Umfeld entfaltet eine wachsende Anziehungskraft.

„Berlin ist nicht zu stoppen", stellte der *Focus* kürzlich fest. „Die Frontstadt des Kalten Krieges wurde zur coolsten Metropole Europas. Ihr Tempo steckt an, färbt ab, reißt mit." Natürlich ist unser Erfolg in der Vergangenheit keine Garantie für einen Spitzenplatz in der Zukunft. Aber wenn Berlin sich weiterhin auf seine Stärken besinnt, wird die Stadt auch in den nächsten 25 Jahren Menschen aus aller

Welt anziehen und mitreißen – und ein Synonym für den permanenten Aufbruch bleiben.

Dazu können auch wir beitragen – indem wir immer wieder neue und kreative Veranstaltungskonzepte entwickeln, mit denen wir unsere Besucher aus aller Welt begeistern. Dafür ist Berlin geradezu prädestiniert: Hier treffen unterschiedliche Kulturen aufeinander, und täglich entstehen neue Ideen. Ich freue mich, dass dieses Buch das Thema „Neue Veranstaltungskonzepte" erstmals aus der wissenschaftlichen Perspektive beleuchtet. Und ich hoffe, dass es damit unsere Stadt im weltweiten Wettbewerb der Destinationen stärkt. Denn Berlin will auch in Zukunft Kongressmetropole bleiben – weil wir dadurch unsere Wirtschaft stärken und den weltoffenen Anspruch der deutschen Hauptstadt unterstreichen können.

visitBerlin

„Wir kennen Berlin." Gemäß diesem Motto wirbt die Berlin Tourismus & Kongress GmbH, die unter der Marke *visitBerlin* agiert, seit 1993 weltweit für die Reisedestination Berlin. Das Berlin Convention Office von *visitBerlin* vermarktet die deutsche Hauptstadt als Kongressmetropole. Berlin belegt als europäische Tourismusmetropole mit 28,7 Mio. Übernachtungen im Jahr 2014 Platz 3 nach London und Paris. Auch im Ranking der internationalen Kongressdestinationen ist Berlin gefragt und seit zehn Jahren unter den Top 5. Als Reiseveranstalter bietet das privatwirtschaftliche Unternehmen Hotelübernachtungen an und ist Herausgeber des offiziellen Touristentickets, der Berlin WelcomeCard. *visitBerlin* betreibt sechs Berlin Tourist Infos. Das Berlin Service Center informiert über das komplette touristische Leistungsspektrum Berlins. Auf visitBerlin.de stehen Informationen zur Hauptstadt in 14 Sprachen zur Verfügung.

Burkhard Kieker, Geschäftsführer von *visitBerlin* Seit dem 1. Januar 2009 ist Burkhard Kieker Geschäftsführer der Berlin Tourismus & Kongress GmbH, die unter dem Markenzeichen *visitBerlin* agiert. Er verantwortet damit das weltweite Tourismus- und Kongressmarketing der deutschen Hauptstadt. Zuvor leitete er mehrere Jahre lang den Bereich Marketing & Unternehmenskommunikation der Berliner Flughäfen. Zu seinen Aufgaben gehörten dabei neben der klassischen Kommunikation insbesondere die Akquisition und Betreuung von Fluggesellschaften aus mehr als 60 Ländern. Burkhard Kieker hat das International Executive Program (IEP) an der INSEAD Business School absolviert.

Inhaltsverzeichnis

Autorenverzeichnis

Frank Feldmann Feldmann & Hellmann Barcamp Organisation, Berlin, Deutschland,

Myriam Fleck CB.e Clausecker Bingel AG, Berlin, Deutschland,

Kai-Uwe Hellmann Feldmann & Hellmann Barcamp Organisation, Berlin, Deutschland,

Martina Horvatic Diaz & Hilterscheid Unternehmensberatung, Berlin, Deutschland,

Thorsten Knoll TUBS GmbH, Berlin, Deutschland,

André Lampe Berlin, Deutschland,

Cathrine Niermann CB.e Clausecker Bingel AG, Berlin, Deutschland,

Oliver Panne SWOP. Medien und Konferenzen GmbH, Berlin, Deutschland,

Ute Solf BEST-Sabel-Bildungszentrum GmbH, Berlin, Deutschland,

Der Herausgeber

Dr. Thorsten Knoll arbeitet seit 2001 als Projektleiter im Veranstaltungsmanagement der TUBS GmbH und verantwortet dort die konzeptionelle und organisatorische Durchführung von wissenschaftlichen Ausstellungen und Messebeteiligungen sowie Kongressen und Tagungen.

Für den in Ostwestfalen-Lippe Geborenen führte der Weg nach dem Abitur in Lemgo und dem Zivildienst beim Detmolder Kinderschutzbund direkt nach Berlin. Hier begann er 1986 seine kulturgeschichtlichen Studien an der Freien Universität Berlin.

Nach dem erfolgreichen Studienabschluss auf dem Gebiet der Kunstgeschichte, Geschichte und Publizistik und seiner anschließenden Promotion als Architekturhistoriker ging er mit der Entscheidung für das Studium des „European Communication and Administration – Europäisches Kulturmanagement" den für sein heutiges Tätigkeitsfeld entscheidenden Schritt von der Geschichtsvermittlung in Museen und Galerien hin zu Gegenwart und Zukunft im universitären Veranstaltungsbereich.

Aufbauend auch auf seinen in den Kulturbetrieben erworbenen Kenntnissen, begann er mit der TUBS GmbH für die TU Berlin wissenschaftliche Ausstellungen zu organisieren und durchzuführen. Zudem lehrt er seit Jahren als Gastdozent an der TU Berlin und der BEST-Sabel-Hochschule Berlin professionelles Veranstaltungsmanagement im MICE-Bereich.

Sein besonderes Interesse gilt heute der konzeptionellen Entwicklung und Umsetzung neuer partizipativer Veranstaltungsformate. Sie stellen für ihn eine Abkehr vom Immer-Weiter-Größer-Schneller der heutigen Ausstellungen im Wissenschaftsbereich dar, eine zeitgemäße Rückbesinnung auf die individuellen Qualitäten und Qualifikationen der einzelnen Teilnehmer und Teilnehmerinnen, eine Wertschätzung der gemeinschaftlichen Wissensfindung und -vermittlung.

Abbildungsverzeichnis

Tabellenverzeichnis

Partizipation: vom Teilnehmer zum Teilhaber

1

Thorsten Knoll

„Habe Mut, dich deines eigenen Verstandes zu bedienen!“
(Immanuel Kant 1784)

Zusammenfassung

Kongresse, Tagungen, Incentives und Ausstellungen als tradierte Veranstaltungen müssen in ihrer Durchführung und Organisation neue Wege beschreiten, um veränderten gesellschaftlichen Bedürfnissen gerecht zu werden und auch zukünftig erfolgreicher Wirtschaftsfaktor zu bleiben. Die Teilnehmer erwarten bereits heute neue, intensiver erfahrbarere Wege der Informationsvermittlung und Wissensgenerierung. Teilhaben, partizipieren, gemeinsam Ideen entwickeln und die „Weisheit der Vielen“ nutzen. Der Markt der Veranstaltungsformate bietet diesbezüglich ein breites Angebot an Neuentwicklungen, die den Wissenstransfer emotionalisierend und dadurch anregend begleiten. Sie können Input und Anregung für eine Neuorientierung sein.

Der fortschreitende gesellschaftliche und technologische Wandel ermöglicht eine stärkere Teilhabe des Einzelnen an politischen, wirtschaftlichen und gesellschaftlichen Prozessen. Mit der Möglichkeit erwächst auch die Forderung oder der Wunsch um Einbringung und Beteiligung von Seiten derer, die ihre Ziele durchsetzen ebenso wie derer, die ihrer Meinung mehr Gewicht verleihen wollen. Das Engagement um Großbauprojekte wie „Stuttgart 21“ oder um die geplante Bebau-

T. Knoll (✉)
TUBS GmbH, Berlin, Deutschland
E-Mail: knoll@tubs.de

T. Knoll (Hrsg.), *Neue Konzepte für einprägsame Events*,
DOI 10.1007/978-3-658-10155-8_1

ung des Tempelhofer Feldes in Berlin erlangte hierbei durch die starke Einbeziehung Betroffener oder auch nur Interessierter einen Bekanntheitsgrad, dem Bürger- und Stadtteilinitiativen ebenso wie Hilfsorganisationen in Petitionsverfahren zunehmend nacheifern. Partizipation ist zu einem anerkannten gesellschaftlichen Wert geworden und Teil der Leitkultur des 21. Jahrhunderts.

Maßgeblich begleitet wird diese Entwicklung durch eine fortschreitende digitale Revolution, die sich in Schlagwörtern wie Big Data und Cloudcomputing manifestiert. Soziale Netzwerke wie twitter, facebook oder whatsapp lassen neue Formen der Partizipation des Einzelnen zu. Blogs ersetzen im digitalen Zeitalter die Speakers Corners. Das Internet und insbesondere die Entwicklungen des Web 2.0 ermöglichen neuartige, breite und gleichzeitig individualistische, zeitlich und örtlich ungebundene Beteiligungsformen und damit über die rasche Verbreitung von Informationen eine völlig neue Teilhabe am gesellschaftspolitischen Diskurs. Jeder kann sich mit seiner Meinung einbringen, Gehör finden und weitreichend bewegen. Ein Tweed kann schon heute die Welt verändern.

Die moderne Wissensgesellschaft agiert bei vielen tradierten Veranstaltungsformen wie Kongressen, Tagungen, weiterbildenden Incentives oder auch Ausstellungs-projekten noch immer nach überkommenen Mustern, die die Möglichkeiten einer gewinnbringenden Partizipation von Teilnehmern negieren.

Viel zu oft bleibt der Teilnehmer dabei auf seine passive Rolle als Zuhörer beschränkt. Wie schon zu unseren Schulzeiten findet die wirkliche Interaktion mit anderen nur während der Pausenzeiten statt und somit im Rahmen von Veranstaltungen im drei bis vier Stundentakt auf 30 min bei Mittagessen oder Kaffee und Keksen. Der Bedeutung des persönlichen Austausches auf inhaltlicher Ebene werden die Formate nicht gerecht. Von Relevanz scheinen den Veranstaltern nur sich abwechselnde Vorträge und Referate und aufeinander abfolgende Sessions, die die Teilnehmer zum Zuhören verpflichten, ohne aktives Handeln zu ermöglichen.

Was früher Kreide, Tafel und der Overheadprojektor, ist den Vortragenden heute die Power-Point-Präsentation. Die Erweiterung des klassischen Vortrags durch die standardisierte Nutzung von Power-Point-Folien führt dabei häufig anstelle des Angehens neuer Denkansätze mit den Teilnehmern oder der Identifizierung von Fragestellungen aus dem Vortrag heraus zu einer ausgedehnten Bildschirmberieselung, der sich die Teilnehmer alsbald erfolgreich gedanklich entziehen. Die standardisierte Power-Point-Präsentation bildet vielfach ein normatives Ausschlusskriterium für eine anregende und fruchtbare Diskussionsatmosphäre. Der pädagogische Ansatz der Power-Point-Präsentation hinkt den technischen Möglichkeiten der Generierung und Weitergabe von Informationen bei Veranstaltungen weit hinterher und gefährdet den gemeinsamen Erfolg.

1.1 Nachhaltige Wissensvermittlung

Wissensvermittlung ist keine Einbahnstraße zwischen Sender und Empfänger, dem verpönten alleinstehenden Frontalunterricht vergleichbar. Effiziente Wissensvermittlung fährt mehrgleisig, sowohl in den Methoden als auch in der Kommunikation. Ob Vortrag oder Film, Experiment oder Showeinlage, die einseitige Vorführung von Informationsinhalten kann nur erfolgreich verlaufen, wenn an erster Stelle im Rahmen einer vorab durchgeführten Analyse die Bedürfnisse und Erwartungen der Teilnehmer, ihre Einstellungen und Fähigkeiten ausreichend berücksichtigt werden. Und wenn der Prozess der Informationsvermittlung keinen Störungen unterworfen ist, zu denen auch Unverständnis aufgrund fehlender Vorkenntnisse und in vielen Fällen einfach eine im Verlauf der kompakten Veranstaltung schwindende Aufmerksamkeit gehört. Dem entgegenwirken kann eine Aktivierung der Zuhörer zur Beteiligung. Im kleinsten Fall durch Fragestellungen oder Feedbackrunden, weiterreichend durch kooperative Lernmethoden und angewandtes Wissen: vom Monolog zum Dialog, von der Präsentation zur gemeinsamen Informationsgenerierung.

Die frontale Vorführung von Wissensinhalten gilt noch immer zielgerichtet als die am wenigsten zeitintensive Methode. Jedoch sind die Informationen so starr, dass sie den jeweils individuellen Bedürfnissen des heterogenen Publikums nicht umfassend gerecht werden können. Bei der Mehrheit wird nur ein geringer Teil mit dem Vorwissen vernetzt und gespeichert. Einzelheiten bleiben, Gesamtzusammenhänge fallen dem Vortragsregelwerk zum Opfer.

Nachhaltiges Lernen erfordert eine aktive und belebende Gesprächsatmosphäre, in der sich Spannung und Entspannung in motivierender Gewichtung gegenüberstehen. Das schließt frontale Vermittlungsversuche nicht aus, bindet sie aber in kooperative Lernformen ein. Im Schulunterricht hat sich die Mixtur erfolgreich bewährt. Warum sollte dies dann nicht auch für „Erwachsenenveranstaltungen" möglich sein? Warum nicht die Einbahnstraße der Wissensvermittlung mehrspurig verlassen?

Professionelle Veranstalter sind verantwortlich für funktionierende Abläufe vor, während und nach dem Event. Für die spannende Vermittlung von Inhalten fühlen sie sich meist aber nicht zuständig. Perfekte Organisation und eine spannende Vermittlung von Inhalten schließen sich aber nicht aus, sondern können aufs Beste miteinander kooperieren. Neue Wege zu beschreiten wird zukünftig unabdingbar sein, auch um den gestiegenen Anforderungen der Teilnehmer gerecht zu werden.

1.2 Wachsende Ansprüche und unbefriedigte Bedürfnisse

Dem prognostizierten Anstieg der Zahl von Veranstaltungen steht eine zunehmende Anspruchshaltung und Unzufriedenheit unter den Teilnehmern gegenüber, denn der Aufwand und die hohen Teilnahmekosten müssen sich mehr denn je rentieren. In den Haushalten der Universitäten, wissenschaftlichen Einrichtungen und öffentlichen Verwaltungen ebenso wie in denen der Unternehmen werden die Budgets für die Teilnahme an Veranstaltungen somit zunehmend an Erwartungen geknüpft, die weit über die reine Anwesenheit und Unterhaltung hinausgehen. Im Wettbewerb der Anbieter von vor allem hochpreisigen Kongressen, Symposien, weiterbildenden Workshops und Incentives gibt der evidente Wissenstransfer und eine daran gebundene umfassende Wissensmitnahme den Ausschlag für die Positionierung und Bewertung der Veranstaltung.

Um den Bedürfnissen der Teilnehmer gerecht zu werden, müssen diese formuliert werden, und um erforderliche Änderungen durchzusetzen, müssen diese erst einmal erkannt werden. Bis zum heutigen Tage versucht man eine derartige Evaluation über Feedback-Fragebögen im Anschluss an die Veranstaltung. Gemessen wird dabei über zumeist starre Beurteilungskriterien die Qualität der Organisation und der Durchführung. Dieses geschieht über eine Einschätzung der Leistungen des Tagungspersonals bei der Registrierung und der Organisation des Tagungsablaufes sowie des Veranstalters im Hinblick auf die Qualität des Tagungsprogramms inklusive der Referenten. Hinzukommen können auch Bewertungen des Rahmenprogramms, wie der Welcome Reception, des Congress Dinners oder des Ausflugsprogramms. Was aber fast immer fehlt, ist die Erfassung des individuellen Lernerfolgs des einzelnen Teilnehmers. Dies könnte daran liegen, dass dieser als Erwartung des Teilnehmers eher unbewusst vorhanden, aber nicht formuliert wird und durch eine standarisierte Evaluation schwer erfassbar ist. Es könnte aber auch ein Indiz dafür sein, dass ein Lernerfolg gar nicht zu den Erfolgskriterien einer gelungenen Veranstaltung zählt, sondern bestenfalls von Veranstalterseite per se als gegeben vorausgesetzt wird. Dies ist ein fataler Irrtum, der bei genauerem Nachfragen vielfach seine Bestätigung findet!

Immer mehr Veranstaltungen konkurrieren um eine mehr oder minder gleichbleibende Anzahl möglicher Teilnehmer. Auch aus diesem Grund werden die Konsumenten kritischer und selbstbewusster. Sie beginnen den Kosten-Nutzen-Effekt hinsichtlich ihrer Zielvorstellungen zu hinterfragen. Die Teilnehmer möchten sich zu einem Thema nicht nur informieren, sondern auch die Möglichkeit erhalten sich auszutauschen, neue Kontakte zu knüpfen und alte aufzufrischen. Sie wollen bekannte Redner nicht nur erleben, sondern mit ihnen auch diskutieren, sie erwarten neue Impulse, etwas dazuzulernen und zusätzliche Motivation zu tanken.

1.3 Die Digitalisierung des Kongresswesens

Geschieht dieses nicht, wird die Live-Kommunikation nicht mehr erfahrbar in der Veranstaltung wahrgenommen, wird der Sinn einer persönlichen Teilnahme an Tagungsformaten infrage gestellt. Und damit den Vorboten der digitalen Revolution das Tor geöffnet, die Live-Events als solche in ihrem Bestehen gefährden. Denn neben dem einfachen Herunterladen von Kongressunterlagen inkl. Vorträgen wird es in Zukunft auch immer mehr Möglichkeiten geben, relativ einfach, z. B. durch Livestreaming, überall auf der Welt zeitgleich oder versetzt Veranstaltungen mitzuverfolgen und sich auch einzubringen. Ein Anfang dieser Entwicklung ist im universitären Alltag bereits eingezogen. MOOCs (Massive Open Online Courses) könnten bereits in naher Zukunft das klassische Setting einer Vorlesung komplett verändern, in dem der Dozent aus der Hochschule hinaus online tausende von „Studenten" weltweit anspricht. Warum sollte die Digitalisierung an den Pforten der Hochschulen haltmachen? Eine hybride Veranstaltungsform mit Teilnehmern vor Ort und einem teilnehmenden Publikum am Bildschirm außerhalb des eigentlichen Tagungsgeschehens ist denkbar und technisch längst machbar. Diese Mischform, deren Fokus nicht mehr allein auf einem Veranstaltungsort mit dort versammelten Teilnehmern liegt, ist bereits heute gängige Realität unterschiedlicher Formate in der Live-Kommunikation.

Grundlage dieser Präsenz digitaler Kongresse ist der inzwischen massenhafte Einsatz mobiler Endgeräte und die weitergehende Entwicklung von speziellen Tagungs-Apps. Jeder Dritte in Deutschland verfügt über ein Smartphone, unter Tagungsteilnehmern wird der Anteil noch um ein Vielfaches höher liegen. Mit diesen können sogenannte Web-Apps durch direkten Aufruf im Smartphone-Browser oder via QR-Code gestartet werden können.

Die Standardfunktionen mobiler Konferenz- und Veranstaltungs-Apps umfassen das Programm, die Referentenlisten und -biografien, die Pläne der Locations und vielfach bereits eine Teilnehmerliste. Aber digitale Event-Guides können mehr: Mobile Apps erlauben es, dass Kongresse, Konferenzen und Meetings im wahrsten Sinne des Wortes interaktiv werden. Wie in früheren Fernsehzeiten mit der Fernbedienung können sich heute via Smartphone die Teilnehmer an Live-Abstimmungen beteiligen, ohne dass zusätzliche Geräte von außen nötig wären. Zudem verhelfen Mobile Apps durch unterschiedliche Netzwerkfunktionen zu einem regen Austausch der Teilnehmer untereinander.

Die Teilnehmer-zu-Teilnehmer-Kommunikation erleichtert die Suche nach Mitwirkenden mit ähnlichen Interessen und steigert so die Chancen produktiver Treffen im Rahmen der Konferenz. Zudem ist über die Teilnehmer-zu-Teilnehmer-Kommunikation hinaus auch eine Teilnehmer-zu-Organisator oder Teilnehmer-zu-Referenten-Kommunikation und umgekehrt vor, während und nach der Veranstaltung möglich. Dementsprechend eignen sich die Apps über die direkte Kommunikationsanbahnung hinaus als zentrales Medium für parallele Social-Media-Konversationen, egal ob Twitter, Facebook, Xing oder LinkedIn.

1.4 Partizipation als Gegenmittel

Der Ausbruch aus dem normativen Veranstaltungsverständnis hin zu partizipativen Formaten ist, um diesem Trend entgegenzuwirken, insofern umso dringlicher, bedeutet jedoch zusätzliche verantwortungsvolle Arbeit für die Veranstalter, die sich aber durch eine messbare erfolgreich stattfindende Wissensvermittlung und -generierung sowie die daraus folgende Zufriedenheit der Teilnehmer lohnt und auszeichnet. An einigen Orten praktiziert, mischen diese neuen Formate bereits heute die gewohnten Strukturen bis zur Selbstaufgabe auf. Die Unkonferenz ohne festes Thema und ohne Grenzen zwischen Teilnehmenden und Vortragenden, ohne Zuweisung fester Rollen der Protagonisten und Statisten verkörpert dabei den Zeitgeist einer globalen Wissensgesellschaft und ihrer partizipativen Möglichkeiten. Mögen die althergebrachten Veranstaltungsformate vielleicht noch ihre Berechtigung im gesellschaftspolitischen Diskurs eines Partei- oder Verbandstreffens oder im Rahmen großer forschungspolitisch intendierter Zusammenkünfte zu aktuellen Problemstellungen finden, so sieht die Zukunft in der Veranstaltungsbranche anders aus.

Die zu Wort kommenden Autoren haben diesbezüglich einen weitreichenden Blick auf das im Genre der Tagungsformate schon heute Gegenwärtige und dessen Zukunftspotentiale gewagt. Anhand ihrer geschilderten Erfahrungen wird es dem Leser möglich, individuell und selbstbestimmt Schlussfolgerungen und Handlungskonsequenzen aus den praxisorientierten Darstellungen zu ziehen. Folgende Aspekte finden dabei Beachtung:

- Ein Veranstaltungsthema, das erfolgreich in die Praxis transformiert werden soll, muss berühren, muss den Teilnehmer emotionalisieren und mitnehmen. Wie Inhalte nachhaltig verankert werden können zeigt **Hands on** als kommunikationsförderndes Veranstaltungsformat, das zu mehr Miteinander, Zusammenarbeit und Gestaltung bewegt.
- **Barcamps** sind als Phänomen in vieler Munde. Als sogenannte Unkonferenzen bieten sie den Teilnehmern größtmögliche Freiheit und Teilhabe: von der in Eigeninitiative festgelegten Tagesordnung bis hin zur konkreten Durchführung. Experten aus Wissenschaft und Tagungsorganisation erläutern die erforderlichen Voraussetzungen für eine erfolgversprechende Veranstaltung.

- Zeitgemäße Meetingformate, können aber noch weit mehr. Im Rahmen der strategischen Personalführungsinstrumente dienen **Barcamps** der innerbetrieblichen Erweiterung des Kompetenzerwerbs, des Motivationsaufbaus und der Identifikation mit dem Unternehmen.
- Hierbei lassen sich – je nach Gruppengröße und Zielsetzung - auch weitere Formate nutzen wie das **Open Space**, das **World Café**, die **Zukunftswerkstatt** und die **Fischbowl-Methode**. Die vergleichende Darstellung verdeutlicht die Möglichkeiten unternehmensinterner demokratischer Beteiligungsinstrumente im Rahmen individueller Problemlösungen bis hin zu innovativen Strategieentwicklungen und Zukunftsentwürfen.
- Das **World Café** und die **Round Table Session** basieren auf der Grundannahme, dass Teilnehmer von Tagungsformaten neues Wissen und Kontakte auf unterhaltsame und partizipative Weise erwerben wollen. Organisation, Aufgaben- und Rollenverteilungen, Hilfsmittel und Materialien werden dezidiert vorgestellt und zur Nachahmung empfohlen.
- Der **Science Slam** ist häufig nur belebender und bereichernder Teil des Gesamtpakets einer Veranstaltung. Er hat aber viel mehr als reinen Unterhaltungswert. Eine nähere Betrachtung seiner Regeln und Chancen zeigt auf, wie die Teilhabe des Publikums als Jury in einem engagierten Rednerwettstreit das thematische Aufnahmevermögen des Publikums schärft.
- **Hybride Tagungsformate** erlauben ein simultanes Miteinander der realen und digitalen Teilnehmer. Sind sie das Ende des Live Events? Oder die Chance auf sinnstiftende Innovation?

Die Konzeption und Durchführung neuer Meetingformate mit ihren innovativen Impulsen für die Veranstaltungsbranche integriert im gegenseitigen Nutzen auch technologiebasierte Möglichkeiten direkter Partizipation. Ein Beispiel hierfür ist die Einbeziehung einer Twitterwall. In einer Projektion mit Kurznachrichten der Mikroblogging-Anwendung Twitter, werden die von Teilnehmern geschriebenen Tweets parallel zu einer laufenden Veranstaltung, bei Workshops oder Diskussionsrunden für alle Teilnehmer sichtbar eingeblendet. Über die Twitterwall können somit Kommentare gegeben, Verständnisfragen gestellt oder Bewertungen abgegeben werden. Auch können Ergebnisse aus parallelen Sessions oder Workshops live in die Veranstaltung eingebracht werden. Partizipation muss sich bei einer Twitterwall nicht auf die anwesenden Besucher einer Veranstaltung beschränken, sondern erlaubt einer interessierten Netzgemeinde eine aktive Teilnahme am Veranstaltungs-geschehen. Damit werden die konventionellen Grenzen einer Veranstaltung radikal aufgebrochen und eine umfassende Partizipation erlaubt, die nicht selten redaktionell betreut werden muss, um weiterhin eine inhaltliche Fokussierung auf die Themen zu gewährleisten.

Den von den Experten näher vorgestellten Formaten ist gemein und unabdingbar: sie nutzen die „Weisheit der Vielen“ (wisdom of the crowd). Nicht ein Experte erklärt die Welt, sondern viele haben Ideen, wie diese Welt aussehen könnte. An diese Weisheit gelangt man nicht durch klassische Veranstaltungsinszenierungen, nicht durch große Säle, großes Publikum und bekannte Redner. Sie erfordert einen regen Austausch und viel mehr Partizipation als eine zugestandene Fünf-Minuten-Diskussion am Ende eines Vortrages. Denn wer schafft es schon, in großer Runde themenspezifisch nachzufragen und wie viel Zeit bleibt in unseren angewandten Tagungsformaten generell, um eine wirkliche Diskussion zu führen?

Ziel ist es durch den forcierten Einsatz partizipativer Formate neue Ideen und Lösungsansätze zu kreieren, einen größtmöglichen Erfahrungsaustausch und Wissenstransfer zu bewerkstelligen, eine belebte Zusammenarbeit von Teams oder Netzwerken zu ermöglichen, das Engagement und die Eigenverantwortung der Teilnehmer zu erhöhen und das Gemeinschaftsgefühl über Interessengruppen hinweg im Sinn eines umfassenden Networkings zu stärken.

1.5 Was sollte in Zukunft geschehen?

Neue Formate und kreative Handlungsweisen müssen einen Teil des tradierten Veranstaltungswesens ersetzen, um weitere effektive Wege der Wissensgenerierung und -vermittlung zu finden. Nicht die teuersten Veranstaltungsorte, das repräsentativste Begleitprogramm, die bestbezahlten Vortragenden garantieren diesen Erfolg, sondern der Mut, Grenzen zu überschreiten und neue Wege zu gehen.

Jede Veranstaltung hat ihren eigenen Charakter. Ein Medizinkongress ist von der Größe und den Inhalten her anders zu strukturieren als eine wissenschaftliche Mathematiker-Tagung, die Jahrestagung eines Wirtschaftsverbandes oder der Inhouse-Workshop eines Unternehmens. Trotzdem werden sie häufig nach Schema F geplant und durchgeführt. Die Veranstalter und Organisatoren solcher Events müssen aber langsam aus ihrer Komfortzone einer gemütlichen Fortführung des Status-Quo in ihrer Arbeit herauskommen und sich den spezifischen Anforderungen ihrer Veranstaltungsformate stellen. So unterschiedlich die Anlässe, Ziele und Teilnehmergruppen von Veranstaltungen sind, so unterschiedlich sollten auch die organisatorischen und didaktischen Mittel sein, die spezifisch für jede Veranstaltung zum Einsatz gelangen.

Welche Formate zur jeweiligen Veranstaltung passen, muss gemeinsam vom Veranstalter mit dem Organisator und natürlich den Teilnehmern (Meinungen einholen) entwickelt werden. Dabei gilt: Ausprobieren geht über stures Konzeptionieren. Wo will man wie tagen? Will man die Sessions verändern? Einen Moderator als Diskussionsleiter einsetzen? Oder will man lieber die Pausen und das Rahmenprogramm ändern? In welchem Umfang, in welcher Form?

Die Neukonzeption ist ein längerer Prozess, der nicht immer bereits im ersten Durchgang einen umfassenden Erfolg bringen kann. Aber bereits die Auseinandersetzung mit dem Begriff Live-Event und seinen unterschiedlichen Facetten kann zu einer Fülle von wegweisenden Ideen führen.

Jede Veranstaltung ist ein individuelles Event mit eigener Dynamik und braucht demzufolge auch als individuellen Rahmen die passende Location. Nicht nur um öffentliche Relevanz und damit eine positive Außenwirkung zu erzielen, sondern auch intern der ganz speziellen Atmosphäre im Verlauf der Veranstaltung halber - ob Kongresszentrum, Universität, Hotel oder besondere Orte mit Ausstrahlung oder thematischen Bezug. Ein Barcamp in einem 5-Sterne-Hotel wird genauso Akzeptanzprobleme erfahren wie ein Medizinkongress in einem stillgelegten Bergwerk.

Die Kombination muss stimmen, sie darf überraschen, sollte immer anregen und gerne emotionalisieren. Denn Tagungen, Meetings und Kongresse sind Life-Events im besten Sinne des Wortes und haben damit das Potenzial, den reinen Faktentransfer hinter sich zu lassen und die Gefühlsebene zu verstärken. Herz und Verstand sind zwei Seiten einer Medaille, wenn es um den Austausch von Wissen und Informationen geht. Emotionen erhöhen die Akzeptanz sich neuen Themen zu widmen, andere Meinungen zu tolerieren, Neues auszuprobieren und aktivieren die Bereitschaft sich mit anderen auszutauschen.

Der Veranstaltungsort bildet aber zugleich auch die Basis zur Umsetzung neuer Veranstaltungsformate. Ein Open Space mit vielen Teilnehmern braucht andere Räumlichkeiten als eine Veranstaltung mit einem World Café oder einem Round-Table-Gespräch. Auch sind technische Anforderungen, insbesondere im Zusammenspiel mit mobilen Endgeräten zur Generierung von Meinungen mittels Bloggs oder Twitterwalls, von entscheidender Bedeutung für die Wahl einer Location.

Im Ablauf von Veranstaltungen sollte der ermüdende, reine Vortragscharakter zunehmend der Vergangenheit angehören. Eine Tagung mit 14 Referenten, die in einer Zeitspanne von 9 Uhr bis 18 Uhr nur durch drei Pausen unterbrochen im 30-Minutentakt ihre Vorträge präsentieren, lässt den eifrigsten Zuhörer irgendwann früher oder später an seine Aufnahme- und Kraftreserven kommen. Der Teilnehmer erhält seinen Weckruf über eine permanente Partizipation am Geschehen, durch mögliche Fragen oder eigene inhaltliche Beiträge. Wird man sich auch nicht vollständig von vertrauten Formaten verabschieden, so ist eine stärkere Mischung mit interaktiven Formen gefragter denn je.

Ebenso wie die Beachtung des sozialen und kommunikativen Wertes von Pausenzeiten. Als Pausen gelten hier alle rede- und vortragsfreien Zeiten, von der

Kaffeepause bis zum Social Event. Sie sind Räume der Ruhe, Möglichkeiten der Reflexion, aber insbesondere und zunehmend Zeitfenster der Begegnung. Häufig bieten sie den Teilnehmern als veranstaltungsinterner Mikrokosmos den einzigen interaktiven Ansatz der Veranstaltung, die einzige Möglichkeit, sich im normativen Tagungsablauf eines klassischen Formats thematisch auszutauschen und über Fragestellungen zu diskutieren. Sie sind finanziell gesehen für die Veranstalter und Organisatoren eine Investition ins Ungewisse, für die Teilnehmer aber oftmals das entscheidende Sahnehäubchen der Veranstaltung.

Von der Kaffeepause bis zum Besuch der Begleitausstellung, von der Welcome Reception am Vorabend der Veranstaltung bis zum Conference Dinner oder Ausflug im Rahmenprogramm: Hier werden Kontakte gepflegt und neu geknüpft, hier lernt man sich kennen, hier wird vernetzt. Und die Vernetzung ist neben dem Wissenserwerb Hauptziel der Teilnehmer.

Zu unterscheiden ist dabei das spontane, zufällig oder durch den Teilnehmer geplante Networking von dem organisierten Networking des Veranstalters. Eine von Veranstalterseite durchdachte und sensibel geplante Vernetzung durch die Bereitstellung des passenden Settings, das eine Kontaktaufnahme erleichtert, wird sich immer positiv auf die Gesamtrückschau der Teilnehmer auswirken. Es sollte den Veranstaltern somit nicht gleichgültig sein, wie und vor allem ob sich seine Tagungsteilnehmer kennenlernen.

Die zentrale Bedeutung der vortragsfreien Zeit haben sich neue interaktive Tagungsformate zu eigen gemacht, indem sie die Pausen als in den traditionellen Formaten produktivste Phasen gleich zu ihrer eigentlichen Veranstaltung erklärten. Die Funktion dieser Unterbrechungen des Tagesgeschehens gilt als Basis der sich in den letzten Jahren ausdifferenzierenden Unkonferenzen, die sich als Barcamps und Themencamps steigender Beliebtheit erfreuen. Hier entstehen Freiräume von der Themenfindung bis zur Ausarbeitung, die die eigene Kreativität fordern und fördern. Vorgaben- und führungsfrei auf gleichberechtigten Grundsätzen aller Teilnehmer basierend laufen einzig auf der Basis eines gemeinsamen Interesses aller Denkprozesse ab, die neue Ideen entwickeln und damit Chancen eröffnen, die weit über die Dimensionen traditioneller Tagungsformate hinausreichen.

Sicherlich sind Unkonferenzen nicht jedem Tagungsziel förderlich, doch sollten sie in ihrer modernen Pädagogik, ihrem Miteinander völlig verschiedener Ausgangspunkte und ihrer mutigen Unkalkulierbarkeit ein Beispiel geben, alte Formate zu überdenken und Neuem eine Chance zu geben.

Die zentrale Bedeutung der vortragsfreien Zeit haben sich auch neue interaktive Tagungsformate zueigen gemacht, indem sie die Pausen als in den traditionellen Formaten produktivste Phasen gleich zu ihrer eigentlichen Veranstaltung erklärten. Die Funktion dieser Unterbrechungen des Tagesgeschehens gilt als Basis neuer

Konzepte, die sich steigender Beliebtheit erfreuen. Hier entstehen Freiräume von der Themenfindung bis zur Ausarbeitung, die die eigene Kreativität fordern und fördern. Vorgaben- und führungsfrei auf gleichberechtigten Grundsätzen aller Teilnehmer basierend laufen einzig auf der Basis eines gemeinsamen Interesses aller Denkprozesse ab, die neue Ideen entwickeln und damit Chancen eröffnen, die weit über die Dimensionen traditioneller Tagungsformate hinausreichen.

Sicherlich werden neue Tagungsformate nicht jedem Tagungsziel gerecht, doch sollten sie in ihrer modernen Pädagogik, ihrem Miteinander völlig verschiedener Ausgangspunkte und ihrer mutigen Unkalkulierbarkeit ein Beispiel geben, alte Formate zu überdenken und Neuem eine Chance zu geben.

Dr. Thorsten Knoll
Herausgeber (Lebenslauf siehe Seite XVII)

Das Hands-on-Prinzip

2

Myriam Fleck und Cathrine Niermann

„Sag es mir, und ich werde es vergessen. Zeige es mir, und ich werde mich daran erinnern. Beteilige mich, und ich werde es verstehen."
(Chinesisches Sprichwort)

Zusammenfassung

Tagungen sind ein klassisches Veranstaltungsformat, um Themen näher an den Menschen zu bringen, Inhalte zu vermitteln und Netzwerke zu stärken. Die Inhaltsvermittlung erfolgt häufig dozierend über Vorträge und Podiumsdiskussionen. Dabei fehlt eine Verankerung der Themen durch den emotionalen Bezug zum Rezipienten. Der Teilnehmer bleibt Publikum.

Wir bei CB.e gehen davon aus, dass Menschen Produkte und Unternehmen unmittelbarer erleben wollen – weil es ihre Gefühlswelt stärker berührt und weil Teilhabe ein gesellschaftlicher Wert geworden ist.

Seit der Gründung der Agentur 1997 entwickeln wir Tagungsformate für unsere Kunden. In den letzten Jahren konnten wir uns dabei große Expertise in der internen Unternehmenskommunikation und der Entwicklung und Umsetzung von Veranstaltungen für Führungskräfte aufbauen. Das CB.e Hands-

M. Fleck (✉) · C. Niermann
CB.e Clausecker | Bingel AG, Berlin, Deutschland
E-Mail: myriam.fleck@cbe.de

C. Niermann
E-Mail: cathrine.niermann@cbe.de

T. Knoll (Hrsg.), *Neue Konzepte für einprägsame Events,*
DOI 10.1007/978-3-658-10155-8_2

on-Prinzip bezieht sich auf die Sehnsucht nach echter Begegnung und emotionaler Ansprache von Tagungsteilnehmern. Sein Kern besteht darin, klassische Tagungsformate aufzubrechen und die Teilnehmer effektiv miteinander zum Denken, Zusammenarbeiten und Gestalten zu bringen.

Ziel einer jeden Tagung sollte es sein, die Teilnehmer zu inspirieren, sie zu animieren, gemeinsam etwas anzustoßen. Dafür schafft Hands-on einen Rahmen, in dem die Teilnehmer in echten Kontakt mit den zu vermittelnden Inhalten kommen und einen Perspektivwechsel erleben.

Hands-on fördert die Kommunikation und hilft Themen in die Praxis zu transformieren.

Am Beispiel verschiedener CB.e-Projekte zeigen wir, wie wir mithilfe dieses Prinzips nachhaltig und emotionalisierend Themen und Botschaften umsetzen und Vertrauen aufbauen. Außerdem geben wir mit „Hands-on selbstgemacht" Hinweise und Tipps zum Selbermachen.

2.1 Wo stehen wir?

Kommunikation hat sich verändert. Und sie hört nicht auf, sich zu ändern. Wo gestern Frontalbeschallung war, ist heute AdBlock. Aus Pop-ups wurde Native Advertising und Vorträge wurden zu Dialogen. Wir sind jetzt alle Entscheider. Menschen erreicht man verstärkt über Beteiligung. Mit dem, was ihnen wichtig ist. Mit Geschichten und Gefühlen. In Zeiten der Digitalisierung zählt die persönliche Ansprache, gerade bei der internen Kommunikation, immer mehr.

In unserer Wahrnehmung gibt es einige Themen, die aktuell nicht nur einzelne Unternehmen und Konzerne beschäftigen, sondern uns in unserer Arbeit für verschiedene Kunden immer wieder begegnen. Dies sind zum Beispiel die Herausforderungen, die durch die digitale Transformation von Unternehmen entstehen, die wachsende Wichtigkeit von persönlichen Netzwerken der Mitarbeiter und die bereichsübergreifende Zusammenarbeit.

„Ownership Culture" und „Empowerment" sind nur zwei Schlagworte, mit deren „ins Leben und den Arbeitsalltag bringen" Unternehmen intensiv beschäftigt sind.

Wir sehen Unternehmen konfrontiert mit der Herausforderung, sich zu entwickeln, den eigenen Platz in der Komplexität zu behaupten und dabei motivierte und eigenständige Mitarbeiter auf diese Reise mitzunehmen. Häufig müssen sich Unternehmen sogenannten wicked problems stellen, für die es keine klare Lösung gibt, die einer Veränderung der Grundhaltung der Mitarbeiter bedürfen. Da Veränderung Widerstand erregt und mit Angst besetzt ist, ist das keine leichte Aufgabe.

Wir erleben immer wieder, dass die Gemeinplätze „Holt die Leute ab, wo sie sind" und „Es ist wichtig, die Emotionen der Beteiligten aufzugreifen und damit zu arbeiten“ nicht die Beachtung erfahren, die sie verdient hätten. Gerade in der internen Kommunikation setzen Unternehmen und Institutionen häufig auf eine reine Sachkommunikation und wundern sich, dass die Mitarbeiter nicht richtig mitziehen. Dabei sind Emotionen von großer Bedeutung, wenn es um die Informationsverarbeitung im menschlichen Gehirn geht: Mit der Informationsflut werden wir nur fertig, weil wir selektiv filtern, und dabei übernehmen Emotionen die Führungsrolle. Themen, die nicht positiv belegt sind, werden herausgefiltert.

Die Informationsvermittlung durch einen Vortragenden, wie beispielsweise beim schulischen Frontalunterricht, wird in den letzten Jahren zunehmend kritisch bewertet. Psychologen und Pädagogen weisen auf die Limitierung der Gedächtnisleistung hin; bei der reinen Informationsvermittlung ist der Mensch nur begrenzt aufnahmefähig und -willig.

▶ Gut geplante Mitarbeiterevents können helfen, Kultur und Werte emotional erfahrbar zu machen. Denn für die persönliche Ansprache bieten sich Erlebnisse im Rahmen von Live-Formaten an – Begegnungsformate wie Tagungen oder Konferenzen ergänzen digitale Formate wie Online-Meetings, das hauseigene Intranet oder andere Plattformen des Austausches und erweitern diese um den persönlichen und emotionalen Kontakt. Veranstaltungen und Raumkonzepte erlauben in einer zunehmend digitalisierten Welt das sinnliche Erleben.

2.2 Das Ziel definiert die Mittel

Heute wählen Unternehmen und Veranstalter aus einer großen Palette an Methoden der Informationsvermittlung aus. Diese verschiedenen Methoden sollten aber, wie häufig beobachtet, nicht losgelöst vom Thema und Ziel der Veranstaltung eingesetzt werden, sondern müssen sich sinnhaft in die Dramaturgie der Veranstaltung und die gesamte strategische Planung der Unternehmenskommunikation einfügen, diese ergänzen und unterstützen. Innovative Formate sind kein Selbstzweck.

Daher stellen wir uns täglich die Frage, wie wir die kommunikativen Ziele unserer Kunden optimal vermitteln und Teilnehmer bewegen können. Die Grundlage unserer Arbeit bilden aktuelle Erkenntnisse der Lerntheorie, Pädagogik und Didaktik und natürlich die Beobachtung der gesellschaftlichen Kommunikationskultur, in der in unserer Wahrnehmung dialogische Ansätze immer wichtiger werden.

Zur Definition der Mittel ist ein klares Ziel nötig. Essenziell für die Entwicklung unserer Konzepte ist daher die Prägnanz der gewünschten Botschaft. Denn erst wenn ich weiß, was ich ausdrücken will, was mein Kommunikationsziel ist, kann ich eine kreative Übersetzung dafür finden.

2.3 Was müssen wir beachten?

Wenn wir Veranstaltungen entwickeln, ist es immer unser Ziel, dass die Kernbotschaft in drei Aspekten zum Ausdruck kommt:

a. Dem Thema, das die Veranstaltung wie ein roter Faden durchzieht
b. Einem großen Bild, das exemplarisch für die zentrale Botschaft steht und im Kopf bleibt
c. Individuellen und kollektiven Erlebnissen, die das Ereignis emotionalisieren

Diese Dreiteilung zeigt den hohen Anspruch an die Eventkommunikation von heute. Hinzu kommt, dass wir auch im Veranstaltungsbereich nicht mehr rein analog denken können und wollen. Es kann ergänzend zu aller Authentizität und Nähe bei realen Veranstaltungen sehr sinnvoll sein, digitale Elemente zu integrieren. Denn sie ermöglichen Dialog und Partizipation während der Begegnung – und darüber hinaus. Das ist wichtig, da der Konsument von heute sehr viel anspruchsvoller in seinem Kommunikations- und Adaptionsverhalten geworden ist.

▶ Das „Mitmachen und Mitreden", also das aktive Einflussnehmen, wurde von einer ganzen Generation von Konsumenten erlernt. Das heißt für uns in der internen Unternehmenskommunikation: Um aus passiven Arbeitskräften engagierte Mitarbeiter zu machen, müssen Unternehmen sie auch zur Interaktion, zum Dialog oder sogar zur Einflussnahme einladen.

Nach unserer Erfahrung kann die Beteiligung der Mitarbeiter im Vorfeld einer Veranstaltung und während ihrer Umsetzung essenziell für ihren Erfolg sein, Identifikation stiften und sich positiv auf die Mitarbeiterzufriedenheit auswirken. Wenn wir es schaffen, dass Mitarbeiter, Vorgesetzte und Unternehmensführung ein gemeinsames Erlebnis kreieren, kann das ein hoher Stabilitätsfaktor in Zeiten schneller Veränderung sein.

Hier setzt unser Prinzip an. Denn mit Hands-on ist es immer unser Ziel, komplexe Themen auf ein persönliches Erleben herunterzubrechen und dadurch greifbar und leicht verständlich zu machen.

2.4 Unser Ansatz

Bei allem, was wir planen und tun, ist es unser Ziel, den Verstand der Teilnehmer zu fesseln und mit ihren Herzen durchzubrennen ([1], frei nach Marty Neumeier, vgl. Lockwood 2010). Unsere Formate sollen die Teilnehmer zur Reflexion des eigenen Standpunktes anregen. Wir initiieren Perspektivwechsel und verdeutlichen, dass viele Prozesse heute iterativ verlaufen. Dabei arbeiten wir intern häufig nach den Prinzipien des Design Thinking (Informationen dazu zum Beispiel unter http://dschool.stanford.edu/) und greifen auch in unseren Konzepten auf dessen Methoden und Ansätze zurück.

Wir bewegen uns immer im Spannungsfeld von gewünschter, moderner Kommunikationskultur, dem Kommunikationsziel und dem zu verfolgenden adäquaten pädagogisch-didaktischen Ansatz (Abb. 2.1).

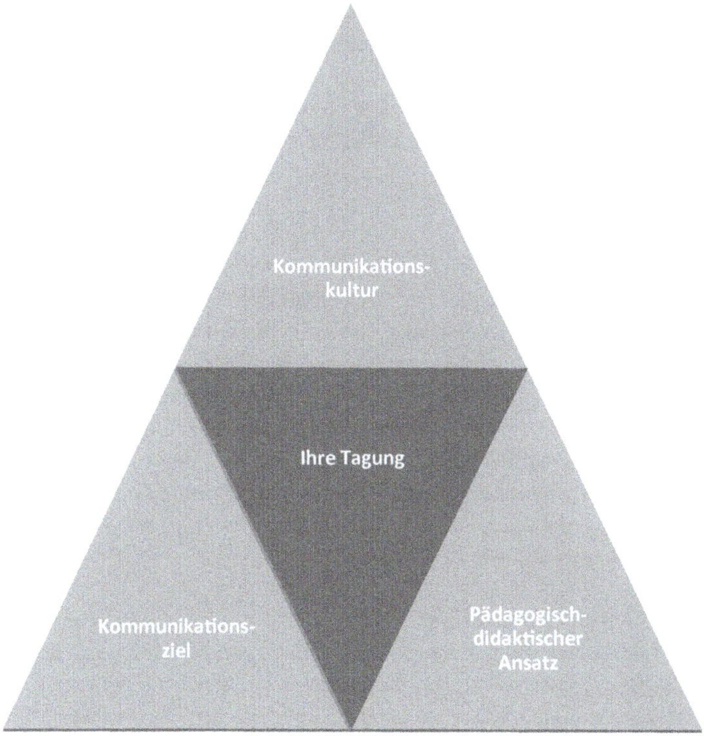

Abb. 2.1 Kommunikationsziel und -kultur und Didaktik

Kommunikationsziel Das, was das Unternehmen (der Absender) mit der Tagung erreichen möchte. Dies kann zum Beispiel die Vermittlung von Informationen (neue Struktur, neues Produkt …) oder auch die Vermittlung bzw. Vertiefung von Werten sein.

Kommunikationskultur Definiert sich einerseits intern über das Selbstverständnis und die Positionierung des Unternehmens (hippes, junges basisdemokratisches Start-up vs. klassisches, hierarchisch patriarchal geführtes Unternehmen, um zwei Extreme zu nennen), aber auch extern über die gesellschaftliche Situation, in der das Unternehmen steht und die immer neue Herausforderungen an professionelle Kommunikation stellt.

Pädagogisch-didaktischer Ansatz Die Wahl der Mittel. Alles von frontaler Informationsvermittlung über Gruppenarbeit zum gemeinsamen Floßbau.

In den letzten Jahren haben sich innerhalb dieses Spannungsfeldes für uns drei Elemente gelungener Tagungen herauskristallisiert, die wir unter dem Dach „Das Hands-on-Prinzip“ subsumieren:

(A) Gamification
Gamification nutzt außerhalb eines Spielkontextes Spielemechaniken, Spieleästhetik und spielerisches Denken, um Menschen zum Handeln, Lernen und Problemlösen zu motivieren. Spielerische Elemente, die wir nutzen können, sind zum Beispiel Wettbewerbsmechaniken mit Punktevergaben, der Zusammenschluss Einzelner zu einem Team mit gemeinsamem (spielerischem) Ziel und das spielerische Lösen von Aufgaben. Je nach Veranstaltungsformat und Zielgruppe können die spielorientierten Elemente analog oder digital sein und im Vorfeld oder während der Veranstaltung eingesetzt werden. Sie können das Format der Veranstaltung inhaltlich prägen oder auch „nur“ zur Auflockerung dienen, um Kommunikationsbarrieren abzubauen und alle zu involvieren.

(B) Durch die Hand in den Kopf
Ein altes didaktisches Prinzip ist es, dass Schüler sich schriftlich mit dem zu lernenden Stoff befassen sollen, um diesen im Bewusstsein zu verankern. Lernen durch reines Lesen oder Hören ist lange nicht so erfolgreich, wie wenn man sich selbst mit Themen auseinandersetzt und die intellektuelle Leistung mit einer physischen verbindet. Dieses Prinzip lässt sich wunderbar auf die Vermittlung von Themen im Kontext der Unternehmenskommunikation anwenden. Sie wollen zum Beispiel, dass Ihre Mitarbeiter sich stärker untereinander vernetzen? Bringen Sie sie außerhalb des Unternehmenskontextes ins gemeinsame Tun. Sie möchten die Auseinandersetzung mit schwer zu greifenden Themen fördern? Lassen Sie Ihre

Kollegen basteln. Das hört sich vielleicht etwas verrückt an. Aber es funktioniert. Zum Beweis stellen wir weiter unten konkrete Beispiele vor.

(C) Mitbestimmung von Inhalten der Veranstaltung
Durch Partizipation und dialogorientierte Kommunikation im Vorfeld und während einer Veranstaltung fördern wir, dass die Mitarbeiter Strategien des Unternehmens nicht nur akzeptieren, sondern sie begrüßen. Wenn sie selbst gestalten können, bringen sie sich mehr ein und identifizieren sich stärker mit den Ergebnissen. Im Idealfall führt Mitbestimmung dazu, dass Mitarbeiter die Implementierung strategischer Themen langfristig unterstützen. Mitbestimmung kann ganz einfach sein. Lassen Sie zum Beispiel im Vorfeld der Veranstaltung Ihre Mitarbeiter bei der Anmeldung aus Themenvorschlägen die Schwerpunkte der Veranstaltung wählen. Das gibt Ihnen auch einen ganz guten Überblick darüber, wo Ihre Kollegen gerade stehen. Oder erarbeiten Sie in Workshops auf der Veranstaltung gemeinsam Projekte, die auf die übergeordnete Strategie einzahlen. Diese Projekte können Sie dann in langfristigen vernetzten Arbeitsgruppen durch die Mitarbeiter weiter betreuen lassen. Auch dies führt zu Identifikation mit dem Unternehmen, denn in unserer Erfahrung ist es in der Regel so: Je größer der Gestaltungsrahmen des einzelnen Mitarbeiters, desto größer sind die Motivation, die Identifikation und die Mitarbeiterbindung und desto besser das Ergebnis für das Unternehmen.

2.5 Beispiele

(A) Selbst machen statt machen lassen – wie ein Erlebnisevent den Servicegedanken der Mitarbeiter stärkt

Kunde: einer der führenden Aufzughersteller
Aufgabe: das Serviceverständnis der Mitarbeiter und deren Vernetzung untereinander fördern
Idee: do it yourself

Ziel der Abendveranstaltung ist es, die Inhalte der vorangegangen Tagesveranstaltung emotional, nicht didaktisch in die abendliche Veranstaltung zu übersetzen und dabei Ehrgeiz und Freude bei der Entdeckung und Wahrnehmung der eigenen Kundenkompetenzen zu wecken. Werte wie Eigenverantwortung, Teamwork, Leidenschaft, Effizienz und Veränderungsbereitschaft sollen nachhaltig in den Köpfen der Mitarbeiter verankert werden. Dadurch soll die Zusammenarbeit der Kollegen verbessert und das Verständnis für die Endkunden vertieft werden.

Bereits die Wahl der Location ist ein Musterbruch. In der urban-puristischen Kunsthalle des Architekten Ludwig Mies van der Rohe, der Neuen Nationalgalerie in Berlin, finden sich die Gäste zwischen hölzernen Industriepaletten wieder und es wird klar, die Gäste betreten eine Party, die es noch zu bauen gilt. Am Eingang erhält jeder Teilnehmer ein Partykit, dessen Inhalt – eine farbige Schürze und diverses Equipment – die Gäste ihrer Arbeitsgruppe zuweist und bereits über ihre Aufgaben an diesem Abend nachdenken lässt. Nach dem offiziellen Startschuss durch den Geschäftsführer heißt es gemeinsam anpacken. 400 Paletten stehen, aufgestapelt in Form des Firmenlogos, zum Aufbau bereit. Aus den rohen Holzbausteinen konstruiert das Bauteam modulare Elemente zu einer urbanen Lounge- und Sitzlandschaft. Und natürlich bleibt es nicht bei den nackten Paletten – das Dekoteam versieht alles mit Tapes in Firmenfarben und mit Stickern, wobei im Verlauf des Abends ein dekoratives Branding entsteht. Das Sammeln und Auflegen der Lieblingstitel der Kollegen sowie einer stimmungsvollen Beleuchtung ist Aufgabe des Entertainmentteams. Selbst das Essen wird eigenhändig zubereitet und sich gegenseitig serviert. Salate marinieren, Pasta kochen, Spieße fertigen und Grillen – den Part der Köche übernehmen die Gäste. Sie tauschen sich mit ihren Kollegen aus und sorgen gemeinsam für das Ergebnis für die Gruppe. Bier zapfen und Cocktails mixen inklusive.

Was aussah wie ein großer Spaß, war auch einer. Aber es war auch strategisch fundiert: Um die Inhalte der vorangegangenen Tagung für alle Teilnehmer noch einmal auf andere Art erlebbar zu machen, mussten die Führungskräfte ihre Ärmel ordentlich hochkrempeln. Für den Kundenkontakt wichtige Eigenschaften wie Kommunikationsstärke und Flexibilität waren auch beim gemeinschaftlichen Aufbau und im laufenden Betrieb des Festes schwer gefragt. Die enge Zusammenarbeit bei der Veranstaltung schärfte bei den Teilnehmern sowohl das Bewusstsein für die eigene Verantwortung im Unternehmen als auch für die Stärken der Kolleginnen und Kollegen. Zudem entdeckten die Mitarbeiter neue eigene Talente, kamen untereinander in Austausch und entwickelten Bereitschaft dafür, über den eigenen Arbeitsbereich hinaus Verantwortung zu übernehmen.

(B) Ideen entfalten – wie eine asiatische Falttechnik der Verankerung eines Leitbildes dient

Kunde: ein mittelständischer Fachverlag
Aufgabe: ein Unternehmensleitbild implementieren und in den Köpfen und Herzen der Mitarbeiter verankern
Idee: Origami

Wer Zukunftschancen nutzen will, muss den Wandel als Chance begreifen. Auch unsere Kunden müssen sich weiterentwickeln, um langfristig erfolgreich zu sein. Dennoch gibt es Konstanten, die der Orientierung dienen und an denen sich das operative Handeln ausrichten wird. Diese Konstanten sind im Leitbild, der schriftlichen Erklärung über Unternehmenszweck und Grundprinzipien, zusammengefasst. Sie bietet Orientierung und nach ihr wird das Handeln in Zukunft ausgerichtet. Das Leitbild beschreibt, wofür das Unternehmen steht und was es auszeichnet. Daraus werden Strategien, Ziele und Selbstverständnis abgeleitet.

Das Unternehmen, für das wir dieses Konzept entwickelt haben, stellt seinen Kunden Wissen zur Verfügung und sorgt dadurch dafür, dass diese in ihrem Berufsalltag noch erfolgreicher werden. Im übertragenen Sinne ermöglicht es seinen Kunden, Ideen zu entfalten.

Auch die Mitarbeiter sollen auf der Basis des Leitbildes tagtäglich ihre Ideen entfalten. Auch im wörtlichen Sinne. Origami ist die Kunst des Papierfaltens. Eine sehr anspruchsvolle Kunstform mit einer langen Historie, die ihren Niederschlag im pädagogischen, künstlerischen, therapeutischen und mathematischen Bereich findet. Durch Origami entstehen zwei- oder dreidimensionale, mitunter sehr komplexe Objekte, für deren Faltung mehrere Stunden benötigt werden. Es gibt verschiedene Techniken, bestimmte Papiersorten, bekannte Künstler und mittlerweile sogar Computerprogramme, die das Entwerfen von Origamimodellen vereinfachen. Origami muss man beherrschen, ein bestimmtes Wissen und eine intensive Beschäftigung sind die Voraussetzungen. Origami passt daher gut zu einem Unternehmen, das sich mit komplexem Fachwissen beschäftigt.

Indem wir Bilder erzeugen und Emotionen wecken, schaffen wir es, das Leitbild in den Köpfen und Herzen der Mitarbeiter zu verankern. Die Beschäftigung mit den Inhalten des Leitbildes sollte im Idealfall nicht nur Orientierung bieten, sondern zusätzlich unterhaltsam sein. Daher haben wir eine spielerische und symbolische Übersetzung gewählt: Für unterschiedliche Aspekte des Leitbildes stehen sinnbildlich Origamifiguren im typischen Stil. Sie symbolisieren das jeweilige Thema und helfen, die Inhalte zu transportieren.

Die Geschäftsführung stellt den Mitarbeitern das Leitbild in Workshops vor. Einzelne Aspekte werden innerhalb der Abteilungen weiter bearbeitet. Die Übersetzung des Leitbildes in die Kunst des Origami dient dabei lediglich als trojanisches Pferd und bildet den roten Faden für die Ausgestaltung der Workshops und der Anschlusskommunikation. Im Mittelpunkt stehen immer die Inhalte des Leitbildes. Die Origamiidee und die Symbole dienen der Emotionalisierung und sorgen für eine bessere Merkfähigkeit. Die Origamifiguren sind so angelegt, dass die Mitarbeiter sie selbst basteln können. Die Figuren sind so hübsch, dass man sie gerne auf dem Schreibtisch oder im Regal aufstellt.

(C) Die erste Führungskräftetagung in neuer Unternehmensstruktur – wie wir zeigen, dass viele gemeinsam ein Ziel schneller erreichen als alleine

Kunde: ein international tätiger Konzern
Aufgabe: die Mitarbeiter für eine abstrakte neue Unternehmensstruktur begeistern
Idee: Swarmworks (siehe www.swarmworks.com)

2011 stellt sich der Servicebereich eines internationalen Industriekonzerns neu auf. Alle Serviceleistungen für den Konzern wie Marketing, Controlling, Human Resources, die bisher den inhaltlichen Sparten zugehörig waren, werden in einer übergeordneten Service-Division gebündelt. Bei der ersten Führungskräftetagung in der neuen Konstellation sollen sich 250 internationale Manager kennenlernen und Aufgaben, Struktur und Strategie der neuen Division verstehen, um sie ihren Teams und Kunden weitervermitteln zu können.

Concentrating our Energy, Creating new Networks, Focusing on our Customers – diese drei Steps, die die Manager in eineinhalb Tagen stellvertretend für 16.000 Kolleginnen und Kollegen weltweit vollziehen, strukturieren die Agenda der Tagung. Eingangs durchlaufen alle Teilnehmer eine emotionale Gaming-Sequenz, die wir mittels Swarmworks-Technik umsetzen. Dazu ist der Tagungssaal zunächst unbestuhlt und schon durch das ungewöhnliche Setting wird klar: Hier beginnt etwas Neues, das wir gemeinsam gestalten. Mit der Bühnenleinwand als Spielfläche startet nun ein dreistufiges, interaktives Computerspiel. In zwei Teams steuern die 250 Manager jeweils eine Spielfigur über das Spielfeld. Die Aufgaben, die die Spielfigur bewältigen muss, leiten sich aus den drei Steps ab. Das Prinzip der Schwarmintelligenz, das der Teaminteraktion zugrunde liegt, macht es für alle erlebbar: Mit der Energie der Gruppe lassen sich die anstehenden Herausforderungen einfacher bewältigen als allein oder in einem kleineren Team.

Nach diesem spannenden, aktiven Auftakt geht es weiter mit einem iPad-gestützten World Café, in dem sich die Teilnehmer nun inhaltlich mit den Themen und Aufgaben der neuen Division beschäftigen.

(D) Das Mitarbeiterfest – wie wir ein Jubiläum nutzen, um die Vernetzung der Mitarbeiter zu fördern

Kunde: ein Zusammenschluss aus 14 mittelständischen Betrieben
Aufgabe: Vernetzung der Standorte, Vertrauensbildung
Idee: Heimspiele

Unser Kunde ist ein Zusammenschluss aus 14 mittelständischen Betrieben mit deutschlandweiten Standorten, der sein 125-jähriges Jubiläum feiert. Ziel des Konzepts ist es, zum ersten Mal alle Mitarbeiter zu versammeln und das überregionale Kennenlernen zu ermöglichen. Innerhalb des Spannungsfeldes „Regionalität und Gemeinschaft" muss eine Atmosphäre entstehen, in der jeder einzelne Betrieb Wertschätzung erfährt. Ein offensiver Umgang mit der regionalen Unterschiedlichkeit der Partnerbetriebe schafft eine Ansprache auf Augenhöhe, und das Feiern der Regionalität auf der einen und des Netzwerkes auf der anderen Seite bildet Brücken und ermöglicht ein Kennenlernen über die eigenen Betriebsgrenzen hinaus. Spaß steht dabei im Vordergrund. Unsere Idee: Heimspiele.

Wir entwickelten eine Teamolympiade mit Firmenbezug. Der Ansporn ist ein gemeinnütziges Projekt zu fördern. Analog zu den 14 Standorten treten die Mitarbeiter an 14 Stationen in verschiedenen Teams gegeneinander an – ein Spielzyklus durch die Heimatstädte des Unternehmens. Die Teams bestehen jeweils aus ca. 20 Mitarbeitern, die wir aus den verschiedenen Partnerbetrieben rekrutieren. Dadurch kommen die Kollegen aus Ebersbach ganz unkompliziert in den Austausch mit den Kollegen aus Sprockhövel oder Fürstenwalde. An den Spielstationen nehmen wir Bezug auf die Regionen und Städte, in denen die Betriebe verwurzelt sind; da es zum Beispiel in Lübeck viele Brücken gibt, geht es im Spiel bei der Station Lübeck darum, eine Brücke zu bauen. Für den Augsburger Standort entwickeln wir ein Spiel mit Bezug zur Augsburger Puppenkiste. Über Gewinnpunkte füllt sich der gemeinsame Geldtopf für die gemeinnützigen Projekte.

Das Ergebnis der Veranstaltung waren zufriedene Mitarbeiter, die Spaß hatten, Wertschätzung erfahren haben und sich und die Partnerstandorte jetzt besser kennen. Und ein zufriedener Vorstand, denn durch das gemeinsame Erfüllen spielerischer Aufgaben kamen sich die Mitarbeiter näher – die Vernetzung der Standorte wurde intensiviert, die standortübergreifende Kooperation gefördert. Ein Zustand, von dem unser Kunde lange profitieren wird.

2.6 Hands-on selbstgemacht

Am Anfang steht die Aufgabe. Bevor Sie sich daran setzen, ein kreatives Tagungsformat oder spielerische Elemente für Ihre Veranstaltung zu entwickeln, ist es wichtig, diese Aufgabe klar zu definieren. Im Folgenden finden Sie Fragen, die wir Ihnen stellen würden, die bei der Klärung helfen. Definieren Sie die Themen auf einer Metaebene. Das macht es einfacher, Ideen zu entwickeln. Seien Sie mutig und verrückt. Sie dürfen alles denken und müssen nicht alles umsetzen. Achten Sie bei den Ideen zur Auflockerung und alternativen Vermittlung von Lerninhalten, für die Sie sich entscheiden, darauf, dass die Würde jedes einzelnen Teilnehmenden gewahrt bleiben muss. Das klingt selbstverständlich, ist es aber nicht immer. Gerade im Bereich der Mitarbeitermotivation und -schulung schießt man auch mal über das Ziel hinaus.

Jede Aufgabe ist individuell, genauso wie Zielgruppen sich unterscheiden. Daher gibt es unseres Erachtens keinen „Baukasten", aus dem man sich die perfekte Veranstaltung zusammenstellen kann. Häufig können Agenturen in dieser Hinsicht kompetent beraten, da sie durch langjährige Erfahrung und die Feedbacks der Kunden und Teilnehmer lernen konnten, welche Methoden erfolgreich waren und welche nicht. Die folgenden Fragen und Hinweise können Ihnen aber auch bei der Entscheidung helfen, ob Sie eine Veranstaltung alleine umsetzen oder ob Sie sich Hilfe hinzuziehen.

Los geht's

Folgende Fragen würden wir Ihnen zur Klärung am Anfang stellen. Nehmen Sie sich die Zeit, diese vor Beginn eines Projektes zu beantworten:

Was ist der Kommunikationsanlass? Gibt es zum Beispiel etwas zu feiern? Oder gibt es Veränderungen im Unternehmen?

Was ist Ihr Kommunikationsziel? Möchten Sie zum Beispiel die Mitarbeiter mit einem neuen Thema vertraut machen oder bekannte Themen vertiefen?

Was steht hinter diesem Ziel, was ist die übergeordnete Ebene? Welche Werte oder grundsätzlichen Fähigkeiten möchten Sie kommunizieren oder fördern? Was soll das Ergebnis der Veranstaltung sein?

Wen wollen Sie ansprechen? Alle? Oder nur einen Teil der Mitarbeiter?

Was sind signifikante Merkmale der Zielgruppe? Sprechen Sie Führungskräfte an oder auch die ausführenden Mitarbeiter? Wie alt sind diese? Sind sie vornehmlich weiblich oder männlich? Was ist der soziale Hintergrund? Welche Interessen können Sie ansprechen? Gibt es Befindlichkeiten/Unzufriedenheiten, die Sie beachten sollten?

Welche Werte prägen Ihre Unternehmenskultur? Ist Ihr Unternehmen zum Beispiel jung und innovativ oder wertkonservativ und hierarchisch?

Wie hoch ist das Thema im Unternehmen aufgehängt? Wer sind die Stakeholder, die Sie beachten sollten? (Gibt es z. B. einen Aufsichtsrat, der mitreden möchte, oder gibt es unterschiedliche Strömungen im Unternehmen, die Sie beachten sollten?)

Welches Budget haben Sie zur Verfügung? Wenn Sie auf alle diese Punkte eine Antwort haben, können Sie sich an die Ideenfindung machen. Wir empfehlen Ihnen, das Team, das die Idee entwickelt, möglichst divers aufzustellen. Im Idealfall führen Sie Menschen unterschiedlichsten Alters und sozialer Hintergründe mit unterschiedlicher Verwurzelung im Unternehmen zusammen. Machen Sie Lockerungsübungen, bevor Sie Kreativität erwarten und schaffen Sie eine angenehme Atmosphäre. Gut ist es, wenn Sie jemanden haben, der den Prozess moderiert und wenn Sie teilweise in Gruppenarbeit gehen. Folgende Fragen können bei der Vorbereitung der Ideenfindung helfen:

- Womit beschäftigt sich Ihre Zielgruppe gerne?
- Welche Dinge kennt Ihre Zielgruppe schon?
- Welche Geschichte, welches Märchen steht für das, was Sie kommunizieren möchten?
- Welcher Sport, welches Spiel steht für Ihr Ziel?
- Welches Land, welche Stadt steht für Ihr Ziel oder Ihre Zielgruppe?
- Welche kulturellen Assoziationen haben Sie?

Natürlich sind Sie aufgerufen, Ihre eigenen Fragen zu entwickeln – Sie kennen Ihr Projekt am besten! Achten Sie nur darauf, dass Sie offene Fragen stellen. Ja/nein-Fragen töten Kreativität und bringen Sie keinen Schritt weiter.

In der Regel ergeben sich aus den Diskussionen zu den oben genannten Fragen bereits die ersten Ideen. Schreiben Sie sie auf. Alle. Auch die verrückten. Ohne Bewertung. Spinnen Sie sie weiter – so lange, bis Ihnen wirklich nichts mehr einfällt. Und dann wählen Sie die aus, die Ihnen am besten gefallen. Und erst jetzt prüfen Sie diese auf Machbarkeit anhand der folgenden Checkliste (Abb. 2.2):

	Ja	Nein
Passt Ihre Idee zu Ihrem Ziel? Tut sie das wirklich, oder ist sie nur eine tolle Idee? (Seien Sie ehrlich zu sich und Ihrem Team, auch wenn es weh tut.)		
Werden Ihre Stakeholder die Idee mögen? (Falls Sie sich nicht vorstellen können, diese von der Idee zu überzeugen, wählen Sie eine andere Idee.)		
Passt die Idee zur Location, in der die Veranstaltung stattfinden soll? (Falls nein, verabschieden Sie sich von der Idee oder der Location.)		
Können Sie absehen, wie Sie die Idee umsetzen? (Falls nein, holen Sie sich Experten ins Boot.)		
Benötigt die Umsetzung viel zeitlichen Vorlauf? (Falls ja: haben Sie noch die Zeit? Falls Sie zu wenig Zeit haben, Sie wissen ja: verabschieden Sie sich von der Idee – oder holen Sie sich Experten ins Boot...)		
Haben Sie ausreichend personelle Ressourcen für die Umsetzung? (Falls nein, holen Sie sich rechtzeitig Unterstützung oder wählen Sie eine andere Idee.)		
Passt die Idee ins Budget? (Falls nein – versuchen Sie, Ihr Budget zu erweitern oder entscheiden Sie sich für eine andere Idee. Kleinkochen macht die meisten schönen Ideen kaputt...)		

Abb. 2.2 Checkliste zur Ideenprüfung

2.7 Zusammenfassung/Fazit

Vielleicht haben Sie es beim Lesen bereits gemerkt: HANDS ON ist weniger ein Prinzip als ein Plädoyer dafür, neue Wege zu gehen und außerhalb der berühmten Box zu denken. Das, was wir mit dem Schwerpunkt auf interne Kommunikation vorgestellt haben, lässt sich natürlich auch auf andere Zielgruppen und Formate übertragen. Mit dem vorliegenden Artikel möchten wir Sie dazu motivieren, sich in Ihre Teilnehmer bzw. Mitarbeiter zu versetzen und aus deren Sicht Konzepte zu entwickeln, die Ihre Ziele bedienen. Dabei hilft es, die Teilnehmer ins Tun zu bringen und nicht alles bierernst zu nehmen. Bauen Sie, spielen Sie, lassen Sie sie erleben und gestalten! HANDS ON eben. Viel Spaß dabei!

Literatur

1. Neumeier, M. 2010. The designful company. In *Design thinking. Integrating innovation, customer experience and brand value,* Hrsg. T. Lockwood, 15. New York: Allworth Press.

Myriam Fleck hat langjährige Erfahrung in der Entwicklung und Umsetzung verschiedenster Live-Projekte. Die von ihr betreuten Kunden sind sowohl im Corporate- als auch im institutionellen Bereich angesiedelt. Nach Stationen bei diversen Event- und Kommunikationsagenturen wie Markenreise, Media Consulta und Serviceplan Berlin leitet sie seit Januar 2014 das Handlungsfeld Live bei CB.e.

Cathrine Niermann Dipl.-Medienberaterin, nutzt die ganze Kommunikationsklaviatur: Als Expertin für die Emotionalisierung von Veränderungsprozessen bei CB.e verbindet sie Kenntnisse im Live-Event-Bereich mit profunden Erfahrungen in der Begleitung von Change-Prozessen im Entscheiderkreis und in komplexen Kulturwandelprozessen. Die Senior-Beraterin ist schon seit 1998 bei CB.e und betreute die Kunden Berliner Bank, 50Hertz Transmission GmbH, Wingas GmbH, ZVEI und ist CB.e Key Account Managerin für die Siemens AG.

Partizipation zum Prinzip erhoben

3

Barcamps: ein vergleichsweise neues Veranstaltungsformat

Frank Feldmann und Kai-Uwe Hellmann

Zusammenfassung

Der Beitrag befasst sich mit Barcamps, einer noch relativ jungen Veranstaltungsform, die 2003 in San Francisco im Epizentrum der Internetszene entstanden ist und seit 2005 eine rasante, weltweite Verbreitung gefunden hat. Barcamps werden auch als „Unconferences“ bezeichnet, weil sie eher unkonventionell organisiert sind. Denn Tagesordnung und Veranstaltungsverlauf hängen gleichermaßen und vollständig von der Eigeninitiative und Partizipation der Teilnehmer ab. Die Veranstalter stellen lediglich einen Rahmen zur Verfügung, innerhalb dessen Barcamps sich über einen bis zwei Tage ereignen. Im Einzelnen widmet sich der Beitrag den üblichen Bedingungen der Vorbereitung und Durchführung von Barcamps aus Sicht von Veranstaltern. Bisweilen wird aber auch auf konkrete Barcamps der jüngeren Vergangenheit aus Sicht von Teilnehmern Bezug genommen.

F. Feldmann (✉) · K.-U. Hellmann
Feldmann & Hellmann Barcamp Organisation, Berlin, Deutschland
E-Mail: feldmann@barcampus.de

K.-U. Hellmann
E-Mail: hellmann@barcampus.de

T. Knoll (Hrsg.), *Neue Konzepte für einprägsame Events*,
DOI 10.1007/978-3-658-10155-8_3

3.1 Die Eventform „Barcamp“: Ursprünglich in der Internetszene entstanden, inzwischen in der Mitte der Gesellschaft angekommen

Die Entstehung des Eventformats „Barcamp“[1] wird auf den Internetpionier Tim O'Reilly zurückgeführt, der 2003 begann, ausgesuchte Entwickler, Journalisten, Programmierer, Start-up-Unternehmer, Vordenker der Internetszene auf seine Farm in der San Francisco Bay Area einzuladen, um sich dort mit ihnen völlig offen über die Zukunft des Internets und verwandte Informations- und Kommunikationstechnologien auszutauschen. Es gab keinerlei vorab festgesetzte Tagesordnung. Vielmehr konnte jede/r ihre/seine Ideen, Projekte, Visionen spontan zur Diskussion stellen, und die Teilnehmer verteilten sich dann je nach Interessenlage völlig ungezwungen auf die verschiedentlich angebotenen Sessions. Die Veranstaltung war dabei insgesamt wie ein Zeltlager organisiert: Man hockte ständig zusammen, diskutierte zusammen, aß zusammen, saß abends beim Lagerfeuer, übernachtete auch gemeinsam dort, auf dem Grundstück von O'Reilly, und verbrachte einige höchst inspirierende, kreative, partizipative Stunden miteinander [1].

Im Jahre 2005 emanzipierte sich diese Eventform von ihrem Erfinder, wurde für jedermann geöffnet und demokratisiert und verbreitete sich von da an weltweit. Schon 2006 fanden auch in Deutschland die ersten Barcamps statt [2]. Seitdem gehören Barcamps zum festen Inventar der Internetszene.

Doch damit nicht genug, haben Barcamps in den letzten Jahren auch fernab der Internetszene große Aufmerksamkeit und Anerkennung gefunden, wie die nachfolgende Grafik zeigt (Abb. 3.1):

Inzwischen kann sogar davon gesprochen werden, dass Barcamps in der Mitte der Gesellschaft angekommen sind. Unverändert handelt es sich jedoch um eine Veranstaltungsform, die in besonderem Maße auf die diskursiv-kreative Kultur des Internets und seine Vorreiter bezogen ist. So stellen Innovationen und Phänomene der Web-2.0-Ära wie *Co-Creation*, *Crowdsourcing*, *Interactive Value*, *Open Innovation*, *Peer Production*, *Prosuming*, *Sharing Economy*, *Swarm Intelligence*, *User-generated Content*, *Wealth of Networks*, *Wikinomics* oder *Wisdom of the Crowd* durchweg Bestandteile eines gelungenen Barcamps dar und geben dieser

[1] Die Legende besagt, daß diese Veranstaltungsform anfangs noch als *foo-camp* bezeichnet worden war, was zumeist als *F*riends *o*f *O*'Reilly-*Camp* dechiffriert wurde. Später dann, nach der Ablösung von O'Reilly, wurde daraus *barcamp*, wobei *bar* in der Entwicklersprache „Leerstelle“ meint, also durch alles ersetzt werden kann, was soweit konsequent wäre, weil Barcamps sich ja für alle nur erdenklichen Themen als Eventform anbieten.

Abb. 3.1 Auswahl von Themencamplogos aus den letzten Jahren

Eventform einen spürbar unkonventionellen Anstrich. Nicht ohne Grund werden Barcamps auch als „Unconferences" bezeichnet. Entscheidend für diesen unkonventionellen Anstrich ist in erster Linie der Oktolog der Barcampkultur.

3.2 Der Oktolog der Barcampkultur: Was hat es damit auf sich?

Die spezifische Partizipationskultur von Barcamps drückt sich in acht Regeln aus, gleichsam der Oktolog der Barcampkultur, deren strikte Beachtung für die erfolgreiche Durchführung eines Barcamps entscheidend ist. Die acht Regeln lauten:

1. Regel: Sprich über das Barcamp.
2. Regel: Blogge über das Barcamp.
3. Regel: Wenn du präsentieren möchtest, stelle dich und dein Thema kurz vor und schreibe beides auf eine Präsentationskarte (alle Karten werden dann auf einem einzigen Session Board befestigt).
4. Regel: Stell dich nur mit drei Schlagwörtern vor (mach dich bekannt, aber nimm dich nicht zu wichtig).
5. Regel: Es gibt so viele Präsentationen gleichzeitig, wie es Präsentationsräume gibt.
6. Regel: Es gibt keine vorher verabredeten Präsentationen und keine „Touristen" (die nur zuhören und nichts beitragen). Kurzum: „No spectators, only participants!"

7. Regel: Präsentationen dauern so lange, wie sie müssen – oder bis sie sich mit dem nachfolgenden Präsentationsslot überschneiden.
8. Regel: Es wäre gut, wenn du gleich bei deiner ersten Barcamp-Teilnahme eine eigene Session halten würdest (trau dich, auch wenn es anfangs schwerfällt).

Beleuchtet man daraufhin den Wertekanon, der für alle Barcamps den allgemeinen Rahmen vorgibt, sind mehrere, miteinander verbundene Leitideen zu erwähnen, wie *Diversität, Egalität, Informalität, Inklusivität, Kreativität, Partizipation* und *Selbstorganisation* [3]:

- *Diversität:* Um eine kreativ-partizipative Atmosphäre zu erzeugen, braucht es eine gewisse Diversität der Teilnehmer. Es muss sichergestellt werden, dass die verbreitete Neigung zur Konformität und wechselseitigen Anpassung nicht allzu sehr zum Zuge kommt. Die unterschiedliche Bewertung von Ideen und Projekten benötigt unterschiedliche Kompetenzen und Perspektiven.
- *Egalität:* Der Umgang während eines Barcamps sollte möglichst ahierarchisch erfolgen; Rangunterschiede werden zeitweilig suspendiert; die Teilnehmer begegnen sich auf Augenhöhe. Jeder kann im Grunde alles äußern und mit jedem reden. Es wird konsequent „geduzt".
- *Informalität:* Barcamps favorisieren einen sehr persönlichen, direkten Umgangston, ein unvermitteltes Aufeinanderzugehen und Einander-Ansprechen, um den Fluss der Eindrücke und Ideen, aber auch Kritik und Problembewusstsein zu fördern, die für Kreativität und gemeinsames Lernen unverzichtbar sind. Nicht ohne Grund werden Barcamps mitunter als fortlaufende „Kaffeepause", als „Feldlager" oder „Klassentreffen" bezeichnet.
- *Inklusivität:* Ferner ist für die Durchführung von Barcamps wichtig, dass prinzipiell jede/r Zugang erhält, jede/r sich eingeladen fühlen darf, und es sich um ein möglichst niederschwelliges Angebot zur aktiven Teilnahme handelt.
- *Kreativität:* Barcamps sind darauf ausgelegt, Kreativität zu ermöglichen und zu fördern. Hemmschwellen des Sagbaren werden möglichst abgesenkt, um unterschiedlichste Ideen und Perspektiven vorbringen zu können.
- *Partizipation:* Ein Leitspruch von Barcamps lautet ja: „No spectators, only participants!" Dabei kann im Prinzip jeder teilnehmen, und dies impliziert immer aktives Engagement, möglichst durch eigene Äußerungen, Beiträge, Sessions.
- *Selbstorganisation:* Zu Beginn von Barcamps wird immer wieder darauf hingewiesen: „Ihr seid das Barcamp!" Der Rahmen wird zwar bereitgestellt, aber die Inhalte und Sessions müssen von den Teilnehmern gleich zu Beginn bzw.

während eines Barcamps eingebracht werden, werden also nicht etwa durch die Barcampveranstalter vorab festgelegt oder abgesprochen.

Außerdem ist davon auszugehen, dass es neben den ursprünglichen *Barcamps*, die für alle möglichen Themen offen sind, also keinerlei thematische Einschränkungen vornehmen, inzwischen auch *Themencamps* gibt, die in der Sache einen deutlich engeren Fokus setzen und häufig auf bestimmte Professionen, politische Initiativen oder Freizeitaktivitäten bezogen sind, sowie *Corporate Camps*, die von einzelnen Organisationen (Unternehmen, Verbände etc.) inhouse durchgeführt werden. Übrigens fanden 2014 allein im deutschsprachigen Raum über 150 Barcamps statt.

Genug der Vorrede: Kommen wir damit zur Planung und Durchführung von Barcamps.

3.3 Von der Idee zur Infrastruktur: Die strategische Planung und Konzeption eines Barcamps

Wenn im Folgenden die Organisation von Barcamps eingehender vorgestellt wird, so beziehen wir uns in erster Linie auf allgemeine Barcamps, die in der Regel auf eine bestimmte Region bezogen sind, wie das *Barcamp Berlin*, das *Barcamp Hamburg*, das *Barcamp Köln* oder das *Barcamp Stuttgart*, sowie auf Themencamps wie das *CommunityCampBerlin*, das *CSRCamp*, das *GrillCamp*, das *Tourismus-Camp*, das *UXCamp*, das *WIMACamp* oder das *YarnCamp*, wo sich Barcamper zu einem gemeinsamen, vorher definierten berufs- oder freizeitorientierten Thema einfinden.[2]

3.3.1 Immer auf Augenhöhe

Barcamps entstehen zumeist aus dem Wunsch, sich zu einem gemeinsamen Thema auf Augenhöhe zu treffen, selbstbestimmt und partizipatorisch, um einen Tag eigenständig und gemeinsam zu kreieren und Wissen miteinander zu teilen. Das Barcamp gehört quasi den Teilnehmern vor Ort: *Sie sind das Barcamp*. Dies gilt

[2] Auf die spezielle Entwicklung von Corporate Camps in Interessenverbänden und Unternehmen werden wir im Ausblick ausführlicher eingehen, da diese Barcampform besondere Charakteristika aufweist, die von denen der beiden anderen klassischen Barcamps abweichen.

cum grano salis für offene Barcamps, für Themencamps und für Corporate Camps gleichermaßen.

Selbstorganisation ist dabei die Quintessenz dieses Veranstaltungsformates. Alles, was auf einem Barcamp inhaltlich angeboten und diskutiert wird, wird ausschließlich durch die Teilnehmer selbst generiert. Die Veranstalter sind daran in der Regel völlig unbeteiligt. Mit der Planung und Durchführung stellt man quasi nur die Zelte auf – erst die Teilnehmer erfüllen sie mit Leben.[3]

Dieser Grundsatz bestimmt den organisatorischen Rahmen für Barcamps und deren tatsächliche Durchführung. Initiatoren und Veranstalter sollten daher bereit sein, möglichst viel Verantwortung zu delegieren und Kontrolle abzugeben. Nur dann wird ein Barcamp erfolgreich sein können. Dabei sollten die zeitlichen und logistischen Abläufe in der Vorbereitung nicht unterschätzt werden. So sind Barcamps an den Veranstaltungstagen selbst zwar von Spontaneität und einer gewissen Hemdsärmeligkeit geprägt; doch die Organisation im Vorfeld erfordert ein hohes Maß an Engagement und Professionalität. So muss frühzeitig eine geeignete Location gefunden werden; man muss strategische Partner und Sponsoren gewinnen; Besucher akquirieren; Gewerke und Dienstleister koordinieren; die operativen Abläufe vor Ort absichern; Kommunikationskanäle aufbauen; und eine Kommunikationsstrategie entwickeln. Schnell macht man dabei die Erfahrung, dass die Organisation eines Barcamps von der Idee bis zur erfolgreichen Veranstaltung auch mal ein Jahr oder gar länger dauern kann. Überdies verlangen etablierte Barcamps oftmals das gesamte Jahr hindurch einen steten Organisationsaufwand, vor allem beim Partner- und Teilnehmermanagement. Sich während dieser ganzen Zeit eine gewisse Entspanntheit und Lockerheit im Sinne des Barcamp-Geistes zu bewahren und keine Überorganisation des Barcamps zuzulassen, stellt eine weitere Herausforderung dar.

Um das Verständnis hierfür zu erleichtern, gehen wir im Sinne eines „Manual" sehr konkret und praxisorientiert auf die wichtigsten Faktoren ein, die bei der Barcamp-Organisation im Hintergrund wirken und für ein gelungenes Barcamp ausschlaggebend sind. Auch möchten wir einige auf den ersten Blick banale Hinweise geben, die selbstverständlich anmuten und gerade deswegen leicht vergessen werden.

[3] Vgl. das Interview mit Frank Feldmann am 25.10.13 im Tagesspiegel, Quelle: http://www.tagesspiegel.de/berlin/community-management-in-berlin-5-gatekeeper-der-veraenderung/8974622.html

3.3.2 Themenwahl und Teamrekrutierung

Zu Beginn einer Barcamp-Planung sollte immer geklärt werden, welche inhaltlichen Ziele man mit dem Barcamp verfolgen will; ob man es regional veranstalten möchte; ob es ein übergeordnetes Thema gibt; welche Zielgruppe man ansprechen möchte und mit wie vielen Teilnehmern zu rechnen ist.

Stellen Sie ferner ein gutes Team zusammen und geben Sie Ihrem Barcamp damit ein Gesicht. Beziehen Sie außerdem Ihr Netzwerk, Ihre Community frühzeitig mit ein. Optimal ist es geradezu, wenn sich Ihr Team gleichermaßen aus erfahrenen Barcamp-Organisatoren, aus Barcamp-Enthusiasten und bei Themencamps auch aus entsprechenden Experten zusammensetzt. Sie gewährleisten damit, dass auf dem Event nicht nur Barcamp draufsteht, sondern auch tatsächlich ein Barcamp drin ist, und sie decken überdies die fachliche Expertise des Themas ab. Dies ist besonders wichtig, um potenziellen Teilnehmern die zu erwartende Qualität der Inhalte zu verdeutlichen. Gerade in Themenfeldern, in denen bislang noch keine Barcamps stattgefunden haben, ist dies für die Glaubwürdigkeit dieser noch recht jungen Eventform extrem wichtig. Die vorhandene Bereitschaft, bei der Barcamp-Organisation mitzuhelfen, wird dabei oft übersehen und selten ausgeschöpft. Achten Sie dabei auf flache Organisationsstrukturen und klare Zuständigkeiten, auf den „Open sourcing“-Charakter der Organisationsprozesse, und agieren Sie möglichst transparent bei all Ihren Entscheidungen.

3.3.3 Terminfindung

Behalten Sie bei der Terminfindung den Veranstaltungskalender im Blick; achten Sie darauf, welche weiteren Barcamps und themennahen Veranstaltungen geplant sind. Es wäre schade, wenn sich themenverwandte Barcamps wechselseitig kannibalisieren. Einen sehr guten Überblick erhält man anhand der online geführten Barcamp-Liste für Deutschland, Österreich und die Schweiz, in der alle klassischen offenen Barcamps und Themencamps gelistet sind (http://www.barcamp-liste.de).

Fanden Barcamps bislang traditionell an Wochenenden statt, wird dieser Grundsatz nicht mehr zwingend eingehalten. Das liegt u. a. darin begründet, dass Themencamps sehr oft einen direkten beruflichen Bezug haben. Die Entscheidung „Wochentag oder Wochenende“ hängt also auch davon ab, welches Thema Sie anbieten wollen. Investieren Sie aber nicht zu viel Zeit und Energie in die Suche nach einem perfekten Termin: Erfahrungsgemäß gibt es den nicht. Viel wichtiger ist es, dass der Termin frühzeitig bekannt gegeben wird, damit für Teilnehmermanagement und Sponsorenakquise noch genügend Zeit bleibt.

3.3.4 Barcamp Logo

Das markante Barcamp-Logo ist längst zum Markenzeichen für dieses Veranstaltungsformat geworden, mit einem hohen Grad an Wiedererkennung und Identifizierung – sozusagen das Familienwappen der Barcamp-Familie. Die Basis des Logos bildet stets eine Flamme, die Begeisterung und Leidenschaft symbolisiert. Dieses Grundlogo wird für das eigene Barcamp angepasst, in der Farbwahl und durch die Anreicherung mit grafischen Elementen, die zum Beispiel den Ort oder das Thema des Barcamps iconisieren, wie man an der Abb. 1 erkennen kann.

Der Schriftzug des Barcamps wird in Century Gothic gesetzt und enthält neben dem Namen des Barcamps oftmals auch Ort und Datum.

3.3.5 Website und Aufbau einschlägiger Kommunikationskanäle

Auch wenn Barcamps mittlerweile ihren Weg in öffentliche Einrichtungen, Unternehmen und Verbände gefunden haben, waren sie ursprünglich eine Erfindung der Internetszene mit deren besonderer Kultur. Inzwischen hat sich diese Kultur längst über das Internet hinaus verbreitet und prägt unser soziales, politisches und wirtschaftliches Leben und die Art und Weise, wie wir miteinander kommunizieren.

Digitale Medien und verwandte Technologien stehen bei Barcampern gleichwohl hoch im Kurs, und für die Veranstalter sollte es selbstverständlich sein, für ihr geplantes Barcamp eine eigene Webseite aufzubauen und die passenden Social-Media-Kanäle dafür einzurichten und dauerhaft zu pflegen, über die sich die Teilnehmer austauschen und vernetzen können, auch um wichtige Multiplikatoren einzubinden (Regel 1: Sprich über das Barcamp!). Sowohl auf Twitter (https://twitter.com/BarcampListe) als auch auf Facebook (https://www.facebook.com/lists/10150834708924305) gibt es Verzeichnisse, in denen Sie sich als Veranstalter eines Barcamps listen lassen können und so die Vernetzung mit anderen Barcamps erreichen. Unterstützt wird diese Kommunikation durch die Wahl eines geeigneten „Hashtags", der die Suche innerhalb des jeweiligen Netzwerks, vor allem bei Twitter, und das begleitende Monitoring nach so verschlagworteten Begriffen erleichtert.

Überlegen Sie sich außerdem, ob Sie für Ihr Barcamp nicht eine eigene Community aufbauen wollen. Dafür bietet sich etwa „tixxt" (https://www.tixxt.com) an, ein deutsches Enterprise Social Network, das Barcamps bereits seit Jahren erfolgreich begleitet und unterstützt. Erarbeiten Sie sich ferner allgemeine Informationen über Ihr Barcamp für weitere Kommunikationsmaßnahmen gegenüber Teilnehmern und Partnern. Beschreiben Sie das Veranstaltungsformat und die Benefits für Partner und Sponsoren. Die Erfahrung hat gezeigt, dass für die Durchführung von Barcamps in einem Umfeld, das mit diesem Veranstaltungsformat bislang noch keinerlei Erfahrungen gesammelt hat, eine langfristige intensive Aufklärung unumgänglich ist.

3.3.6 Teilnehmerakquise und Teilnehmeranzahl

Jedes geplante Barcamp antizipiert, dass es eine Gemeinschaft gibt, die sich regional oder themenbezogen treffen und austauschen möchte. Insoweit findet jedes Barcamp seine Teilnehmer – doch nicht von allein. Beginnen Sie rechtzeitig mit der Ansprache möglicher Teilnehmer, direkt über Ihr virales Netzwerk, mithilfe von Multiplikatoren und geneigten Medienpartnerschaften. Machen Sie sich dabei auch Gedanken über die geplante Größe Ihres Camps. Ab einer gewissen Teilnehmerzahl wird es nämlich sehr schwierig, zentrale Elemente eines Barcamps wie die Vorstellungsrunde und den Session-Pitch vor Ort zu gewährleisten. Ab 300 Teilnehmern stößt man an eine Grenze der Durchführbarkeit. Dabei ist eine möglichst hohe Teilnehmerzahl keinerlei Erfolgskriterium für ein gelungenes Barcamp: Mitunter ist weniger mehr! Erinnern möchten wir an das *Barcamp Berlin 3* im Jahre 2008, als sich am ersten Tag mehr als 700 Teilnehmer einfanden und die Grenze des Zumutbaren bei Weitem überschritten wurde. Wir empfehlen daher deutlich kleinere Barcamps, da sie einen intensiveren Austausch ermöglichen.

3.3.7 Anmeldung, Ticketing und Teilnahmegebühr

Für Anmeldung und Ticketing bietet sich, sofern man über kein eigenes Anmelde- und Ticketsystem verfügt, die Nutzung entsprechender professioneller Dienste wie XING Events oder Eventbrite an, die mit dem Veranstaltungsformat bereits Erfahrungen gesammelt haben und sich per iframe in die eigene Webseite einfach integrieren lassen.

Damit einhergehend stellt sich die Frage nach der Erhebung und Höhe einer Teilnahmegebühr, in der Barcamp-Szene ein heikles Thema, da es ein Leitgedanke der Barcamp-Philosophie ist, dass der Zugang zu einem Barcamp so niederschwellig wie nur möglich sein soll, und die Höhe der Teilnahmegebühr dies reglementiert.

Wir gehören inzwischen zu jenen, die eine angemessene Teilnahmegebühr für eine zielgruppengenaue Teilnehmeransprache, vor allem bei Themencamps, für die Refinanzierung der Ausgaben eines Barcamps und die Regulierung der sogenannten No-Show-Rate befürworten. Welche Höhe dabei als angemessen anzusehen ist, hängt maßgeblich von der Kalkulation der Rahmenbedingungen ab, von der erwarteten Höhe eingeworbener Sponsorengelder und für welche Zielgruppe das Barcamp eigentlich veranstaltet wird.

Als Barcamp-Evangelisten wünschten wir uns zwar, dass nach wie vor alle Barcamps kostenfrei für alle Teilnehmer zugänglich wären. Allerdings entspricht das nicht mehr der Entwicklung des Formates in den letzten Jahren und auch nicht mehr der Erwartungshaltung vieler Barcamper. Wesentlicher ist es, die zentralen Elemente, die Regeln von Barcamps, beizubehalten, um sich die Innovationskraft dieses Formats zu bewahren.

3.3.8 Sponsorenakquise und Themenpartnerschaften

Die Planung und Durchführung von Barcamps selbst, der Aufbau der Infrastruktur, das Catering und die Logistik müssen zusätzlich zu einer möglichen Teilnahmegebühr über Sponsorengelder und Sachspenden finanziell und organisatorisch abgesichert werden, um den Teilnehmern ein professionelles Veranstaltungsumfeld bieten zu können. Durch das spezielle Veranstaltungsformat und den professionellen Rahmen der Organisation wird eine Atmosphäre geschaffen, in der sich Partner, Sponsoren und Teilnehmer möglichst wohlfühlen und erfolgreich engagieren können.

Zu diesen Benefits gehören vor allem

- die Wahrnehmung der Sponsoren vor, während und nach der Veranstaltung durch die Einbindung in sämtliche Kommunikationskanäle,
- der intensive Austausch mit den Teilnehmern vor Ort,
- die Medienpräsenz in den neuen und den etablierten Medien im Rahmen der Öffentlichkeitsarbeit,
- Insiderinformationen über aktuelle Trends,
- Kontakte zu potenziellen, zukünftigen Mitarbeitern für das eigene Unternehmen und
- ein aktives gesellschaftliches Engagement.

Das Sponsoring auf einem Barcamp erfordert auch von den Sponsoren die Bereitschaft, sich auf die Kultur dieses besonderen Veranstaltungsformates und den Dialog mit den Teilnehmern auf Augenhöhe einzulassen. Eine eigene Session ist ausdrücklich erwünscht, reine Produktpräsentation nicht. Aufgabe der Organisation ist es, dafür zu sensibilisieren und Möglichkeiten zu finden, wie sich die Partner und Sponsoren im Umfeld des Barcamps ideal einbringen können. Dabei steht das finanzielle Sponsoring sicher im Vordergrund. Daneben bietet ein Barcamp noch viele weitere Möglichkeiten, um sich in einem kreativen Umfeld frei von Konventionen zu präsentieren, sei es als Locationsponsor, als Host der Abendveranstaltung, mit passenden Give-aways, oder indem man seine Produkte und Dienstleistungen im Rahmen eines Sachsponsorings zur Verfügung stellt. Viele Teilnehmer auf Barcamps sind bestens vernetzte Influencer und Multiplikatoren mit großer Reichweite, von denen die Partner und Sponsoren durch die laufende Berichterstattung direkt profitieren können.

3.3.9 Location

Der Veranstaltungsort eines Barcamps trägt maßgeblich zum Erfolg eines Barcamps bei und ist eine der ersten Entscheidungen, die es zu treffen gilt. Schauen Sie sich etwa im sozialen Umfeld Ihres Barcamps nach geeigneten Räumlichkeiten um; oftmals findet man dort passende Locationpartner, die bereit sind, Ihr Barcamp zu beherbergen.

Dabei sollte die Location über mehrere, unterschiedlich große, akustisch voneinander getrennte Räume für die parallel stattfindenden Sessions verfügen sowie über einen oder mehrere Gemeinschaftsbereiche (Atrium, Cafeteria etc.) für spontane Zusammenkünfte, gemeinsame Gespräche und das gemeinschaftliche Essen. Nicht zuletzt finden dort die morgendliche Vorstellungsrunde, der anschließende Session-Pitch und die abendliche Feedbackrunde statt.

Die notwendige Größe der Location korrespondiert selbstverständlich mit der Anzahl der Teilnehmer. Achten Sie bitte ferner darauf, dass Ihr gesamtes Barcamp barrierefrei zugänglich ist, und dass es genügend Toiletten gibt.

3.3.10 Technische Infrastruktur

Fragt man die Teilnehmer von Barcamps, was ihnen das Wichtigste an der Infrastruktur eines Barcamps ist, sagen die meisten: „Ein funktionierendes WLAN", was bei der Vorgeschichte dieses Eventformats und der hohen Online-Affinität vieler Teilnehmer kaum verwundern dürfte. Denn auf einem Barcamp wird herkömmlicherweise fortlaufend gebloggt, getwittert und auf Facebook geteilt. Weiterhin werden fortwährend Fotos gemacht und in Echtzeit bei Instagram, Flickr und anderen geeigneten Plattformen eingestellt. Hierfür sollte eine entsprechend schnelle, sichere und belastbare technische Infrastruktur zur Verfügung gestellt werden. Gewährleisten Sie ein stabiles WLAN und bieten Sie eine „Twitterwall" (http://www.monitoringmatcher.de/2014/11/7-kostenlose-twitterwalls/) an, dann haben Sie als Organisationsteam schon fast gewonnen.

Halten Sie außerdem – wenn nicht in allen, so doch in den meisten Räumen – Beamer, Adapter und die gängigen Präsentationsmaterialien vor. Mikrofone und eine Soundanlage erleichtern Ihnen die Moderation bei mehr als 50 Teilnehmern erheblich.

3.3.11 Garderobe

Planen Sie bei Ihren Vorbereitungen mit ein, eine besetzte Garderobe anzubieten. Natürlich kann man auch das der Selbstorganisation der Teilnehmer überlassen. Es entspannt die Teilnehmer jedoch ungemein, wenn sie wissen, dass ihre Kleidung und oftmals auch das Reisegepäck an einem zentralen Ort sicher verwahrt werden. Dabei muss die Garderobe nicht unbedingt die gesamte Zeit über besetzt sein; Garderobenzeiten und eine Telefonnummer für Notfälle haben sich durchaus bewährt.

3.3.12 Kinderbetreuung

Kinder sind auf Barcamps gern gesehen! Gleichwohl sollte im Vorfeld, zum Beispiel im Rahmen der Anmeldung, abgefragt werden, ob Kinder zu erwarten sind und ob für die jüngsten Barcamp-Teilnehmer eine Kinderbetreuung gewünscht wird. So können auch Elternpaare und Alleinerziehende das Barcamp besuchen und sicher sein, dass sich ihr Nachwuchs während dieser Zeit in guten Händen befindet.

3.3.13 Catering

Damit sich die Teilnehmer voll und ganz auf die Barcamp-Inhalte konzentrieren können, ist eine Vollverpflegung auf den meisten Barcamps mittlerweile Standard. Beginnend mit einem kleinen Frühstück über das gemeinsame Mittagessen, dann eine Kaffeepause bis hin zum gemeinsamen Abendessen sollte die Verpflegung dabei möglichst unkompliziert erfolgen. Selbstbedienung und Selbermachen sind ausdrücklich erlaubt und erwünscht.

Eine gewisse Vielfalt vorausgesetzt, mit Rücksichtnahme auf besondere Ernährungsweisen, essen alle das Gleiche, ohne Unterschiede und Tischordnung. Versuchen Sie den ganzen Tag über, Getränke anzubieten und gern auch ausreichend Obst. Das Catering-Budget lässt sich durch Kooperation mit Sachsponsoren regelmäßig entlasten.

3.3.14 Dokumentation

Planen Sie im Budget Mittel für einen Fotografen und ggf. für ein Filmteam ein. Auch wenn durch die Teilnehmer während und nach dem Barcamp zahlreiche Fotos und Videos ins Netz gestellt werden, sollten Sie auch als Veranstalter das Barcamp von Profis in Bild und Ton begleiten lassen. Ein Bild sagt bekanntlich mehr als tausend Worte, zahlt unmittelbar auf die Bekanntheit Ihres Barcamps ein und unterstützt Sie direkt bei der Ergebnissicherung dieses Barcamps und der Ankündigung des nächstfolgenden.

3.3.15 Berichterstattung und Ergebnissicherung

Die laufende Berichterstattung vor, während und nach einem Barcamp ist ein zentrales Element dieses Veranstaltungsformates (Regel 2: Blogge über das Barcamp!). Sie verdeutlicht den offenen und transparenten Charakter, der auf das Teilen von Erfahrungen und Wissen ausgerichtet ist, und entspricht dem Selbstverständnis der Teilnehmer, nicht nur für die Ergebnisse des Barcamps, sondern auch für deren Dokumentation verantwortlich zu sein.

Die vorab stattfindende Verabredung zum Barcamp sowie die laufende Berichterstattung erfolgen vorwiegend in Echtzeit über soziale Medien wie Facebook und Twitter. Regelmäßig schaffen es die offiziellen Hashtags eines Barcamps in die Trendcharts der Mikrobloggingdienste. Fotos werden vor allem bei Facebook, Instagram und Flickr veröffentlicht.

Es bietet sich an, die Ergebnissicherung, also die Erhebung, Aufbereitung, Analyse, Interpretation und Archivierung von diskutierten Inhalten während und zwischen den Sessions mit einem professionellen Social-Media-Monitoring zu begleiten und zu sichern. Monitoringdienste wie Brandwatch, uberMetrics, SocialHub, 247GRAD CONNECT, Meltwater oder Fanpage Karma stellen die dafür notwendigen Services zur Verfügung und stehen Kooperationen immer offen gegenüber.

Dies impliziert, dass man als Veranstalter ein eigenes Community- und Social Media Management betreibt, welches die eigenen Kanäle und Plattformen betreut, aber auch die externe Berichterstattung verfolgt und moderiert.

Im Nachgang sollten die Berichte, Recaps, Wrap-ups und Präsentationsunterlagen zum Barcamp und zu den Sessions zusammengetragen und an einem zentralen Ort – regelmäßig auf der Veranstaltungswebseite – der Öffentlichkeit und damit auch all jenen, die selbst nicht auf dem Barcamp sein konnten, zugänglich gemacht werden. Je selbstverständlicher der Geist eines Barcamps in den Teilnehmern verankert ist, und je stärker die Teilnehmer online-affin sind, desto einfacher und umfangreicher wird diese Regel befolgt. Entfernt man sich mit speziellen Themencamps oder auch Corporate Camps aus dieser Gruppe heraus, liegt es noch mehr in der Verantwortung der Veranstalter und Organisatoren, die Dokumentation der Ergebnisse sicherzustellen, vor allem über die direkte Motivation der Sessionanbieter.

3.3.16 Zielerreichung und Follow-ups

Auch wenn sich ein Großteil der Ziele, die mit Barcamps verfolgt werden, bereits mit dem Veranstaltungsformat selbst, dessen Wertekanon und seiner spezifischen Partizipationskultur erklären, so sei Initiatoren und Organisatoren dennoch empfohlen, die eigenen Zielstellungen und Erwartungen und die der Barcamper zu messen und zu reflektieren. So wurden zwei der größten Barcamps, das *Barcamp Hamburg* und das *CommunityCampBerlin*, 2013 mit einem Monitoring begleitet, das wichtige Erkenntnisse über die Teilnehmerstruktur lieferte und darüber aufklärte, welche Zufriedenheits- und Loyalitätswerte der Teilnehmer den jeweils besuchten Barcamps gaben [3]. Eine solche Evaluation unterstützt den Wrap-up-Prozess und die Vereinbarung von Follow-ups, womit man bereits direkt in die Vorbereitung des kommenden Barcamps einsteigt.

3.4 „Es geht los!" Die operative Durchführung und Moderation eines Barcamps

Während sich die Planung eines Barcamps größtenteils an den klassischen Feldern der Eventplanung wie Themenfindung, Konzeption, Programm, Finanzierung, Marketing, Logistik orientiert und diese adaptiert, unterscheidet sich die tatsächliche Durchführung eines Barcamps fundamental von klassischen Veranstaltungsformaten. Plakativ formuliert: *Barcamps schaffen Energie, Konferenzen absorbieren Energie*. Um dies zu veranschaulichen, gehen wir jene Elemente kurz durch, die Barcamps im Ablauf so besonders machen. Dabei betrachten wir ein typisches zweitägiges Barcamp.

3.4.1 Das „Warm-up" vor dem „Frequenztag"

Der Kick-off eines Barcamps, das sogenannte „Warm-up“, findet in der Regel am Vorabend außerhalb der eigentlichen Barcamp-Location statt. Zweck der Zusammenkunft ist ein erstes ungezwungenes Networking sowie das Angebot an Barcamp-Neulinge, sie im Rahmen einer „Newbie-Session" mit dem neuen ungewohnten Format erstmals vertraut zu machen. Dadurch werden Unsicherheiten und Vorurteile abgebaut und der Start in den eigentlichen ersten Barcamp-Tag, den „Frequenztag", erleichtert, an dem sich die große Mehrheit der Teilnehmer einfindet.

3.4.2 Akkreditierung und Badges

Der „Frequenztag" beginnt oft um 9 Uhr so wie andere Veranstaltungen auch: mit der Akkreditierung und der Abgabe der Garderobe. Die Teilnehmer erhalten ihre Namensschilder und werden mit den Gegebenheiten vor Ort vertraut gemacht.

War es in den Anfangsjahren der Barcamp-Kultur noch *State of the Art*, seinen Namen auf ein selbstklebendes Namensschild selbst aufzuschreiben, werden die Badges nunmehr regelmäßig bereits im Vorfeld des Events erstellt und enthalten neben dem Namen auch eine Reihe zusätzlicher Informationen, beispielsweise die Bezeichnung des Twitteraccounts, Hashtags zur eigenen Person, Namen des Arbeitgebers oder der Institution, für die der Teilnehmer das Barcamp besucht, sowie weitere Informationen zu den Profilen in sozialen Netzwerken. Diese Informationen werden schon bei der Anmeldung zum Barcamp abgefragt. Die Rückseite des Badges bietet wiederum Platz für Sponsorenlogos oder die Abbildung der Barcamp-Regeln.

3.4.3 Gemeinsames Frühstück

Schon beim Frühstück, dem ersten Kaffee, Tee oder Saft, stellt man fest: Es geht auf Barcamps sehr familiär und lebendig zu. Schnell bekommt man ein Gespür davon, Teil einer Bewegung, eines Klassentreffens, eines größeren Ganzen zu sein. Freunde, Kollegen und Bekannte treffen aufeinander. So wird das gemeinsame Frühstück zu einem optimalen Start in den Barcamp-Tag. Warum nicht gemeinsam die Schrippen schmieren? Auch hier gilt – alles ist möglich!

3.4.4 Gemeinsame Begrüßung

Gegen 10 Uhr kommt es zur offiziellen Begrüßung aller Teilnehmer durch das Organisationsteam. Die typischen Charakteristika eines Barcamps werden kurz erläutert, vor allem die ausgeprägte Partizipationskultur und die Selbstorganisation der Sessions, getreu der Barcampphilosophie „No spectators, only participants" (Regel 8: Wenn es dein erstes Mal auf einem Barcamp ist, dann musst du präsentieren – okay, du musst nicht wirklich, aber du solltest versuchen, mit jemandem gemeinsam zu präsentieren oder zumindest aktiv Fragen stellen und ein interaktiver Teilnehmer sein.).

Obwohl meist mehr als die Hälfte der Teilnehmer bereits Barcamps besucht hat und mit den Regularien soweit vertraut ist, sollte dieser erneuten Verständigung auf die gemeinsamen Grundsätze der Barcampkultur hohe Bedeutung beigemessen werden. Zum Selbstverständnis von Barcamps gehört überdies, dass man den Partnern und Sponsoren dankt, ohne die es das Barcamp oftmals nicht geben würde.

3.4.5 Gemeinsame Vorstellungsrunde

Die anschließende Vorstellungsrunde ist ein erstes Alleinstellungsmerkmal von Barcamps. Sämtliche Teilnehmer stellen sich persönlich mit ihrem Namen sowie drei ganz individuellen Schlagworten vor, den sogenannten Hashtags (beispielsweise „Frank Feldmann aus Berlin von Feldmann & Hellmann Barcamp Organisation, und meine drei Hashtags sind #BarcampOrganisator, #CorporateCamps" und #irgendwasisimmer), und informieren so kurz über ihren Namen, ihre Herkunft, ihre berufliche Situation, ihre Interessenlagen oder Hobbys.

Dieses Vorstellungsritual wird von einem barcamperfahrenen Moderator durchgeführt und unterliegt keiner inhaltlichen Einschränkung. Die Anzahl von drei Schlagworten sollte jedoch nicht überschritten werden, sonst reicht die Zeit nicht. Deswegen hat es sich sehr bewährt, wenn der Moderator das Mikrofon nicht aus der Hand gibt (vgl. Abb. 3.2).

Allein diese Vorstellungsrunde kann je nach Teilnehmeranzahl bis zu einer Stunde in Anspruch nehmen, ist aber essenziell für Barcamps. Das Eis wird unvermittelt gebrochen, es geht oft sehr humorvoll zu. Man kann später die Gesichter den Namen und Sessionangeboten leichter zuordnen und erste gemeinsame Interessen identifizieren. Außerdem wird damit die Selbstverständlichkeit von Barcamps, dass alle Teilnehmer auf Augenhöhe agieren, unmittelbar erlebbar.

3.4.6 Der Session-Pitch

Direkt nach der Vorstellungsrunde erfolgt der Session-Pitch, wiederum durch den Moderator angeleitet: *Dies ist das eigentliche Herzstück jedes Barcamps*. Dabei ist es nicht die Aufgabe des Moderators, Sessionvorschläge inhaltlich anzuregen, zu bewerten oder zu kommentieren. Vielmehr unterstützt er oder sie jene, die einzelne Sessions vorschlagen, und ermutigt sämtliche Teilnehmer wiederholt, selbst

Abb. 3.2 Die gemeinsame Vorstellungsrunde mit Moderator

Sessions anzubieten. Denn es ist ja ausschließlich der Initiative der Teilnehmer und dem Wettbewerb ihrer Ideen überlassen, welche Tagesordnung am ersten Barcamptag zustande kommt, welche Sessions bzw. Themen also angeboten und von wie vielen diese besucht werden.

Dazu schreiben die Session-Anbieter ihr Thema auf eine Session-Karte und stellen es im Pitch kurz und prägnant vor (Regel 3: Wenn du präsentieren möchtest, schreib deinen Namen und dein Thema in einen der Session-Slots.). Daraufhin fragt der Moderator das Interesse an der angebotenen Session im Plenum ab. Das unmittelbare Feedback der Runde ist dann ein guter Indikator, mit wie vielen Teilnehmern der Session-Anbieter ungefähr rechnen kann und in welchem Raum, je nach Größe, seine oder ihre Session deshalb stattfinden sollte (Abb. 3.3).

Auch diese zweite Runde kann je nach Anzahl der Angebote bis zu einer halben Stunde in Anspruch nehmen.

Beide Runden – für die gemeinsame Vorstellung und den Sessionpitch – sind feste Barcamp-Rituale und demonstrieren gleich zu Beginn zentrale Werte von Barcamps wie Diversität, Inklusivität, Informalität, Kreativität und Selbstorganisation. Dabei ist es gar nicht unüblich, wenn bereits im Vorfeld des Barcamps öffentlich abgefragt wird, welche Session man vielleicht pitchen möchte bzw. welche Session sich die Barcamper wünschen. Das hilft, sich in der Vorbereitung auf das

Abb. 3.3 Der Session-Pitch mit Feedback aus dem Auditorium

Barcamp besser zu orientieren, und katalysiert gleichermaßen Session-Anbieter wie -nachfrager. Seitens der Veranstalter ist freilich klar zu kommunizieren, dass diese Voranmeldungen lediglich eine Absichtserklärung darstellen und ebenso wie spontan angemeldete Sessions am Tag selbst gepitcht werden müssen.

3.4.7 Das Session-Board

Nach dem Pitch der eigenen Session wird eine Karte mit diesem Sessionvorschlag beschrieben und diese an einem vorbereiteten Session-Board befestigt, wobei die Session-Anbieter selbst entscheiden, welche Zeit sie im Tagesverlaufsplan belegen möchten und welcher Raum – unter dem Eindruck des Feedbacks seitens des Plenums – sich am besten dafür eignen mag. Dabei wird das Session-Board zu einem Motiv, das wie kaum ein zweites den Charakter eines Barcamps visualisiert (Abb. 3.4).

Vor Beginn eines Barcamps wurden auf dem Session-Board die Räume mit den Namen der jeweiligen Sponsoren eingetragen, und es wurden die möglichen Zeitfenster für die Sessions markiert, zumeist im Stundentakt. Nach und nach füllt sich dann das Board mit den Sessionthemen, und die Agenda vervollständigt sich ganz von

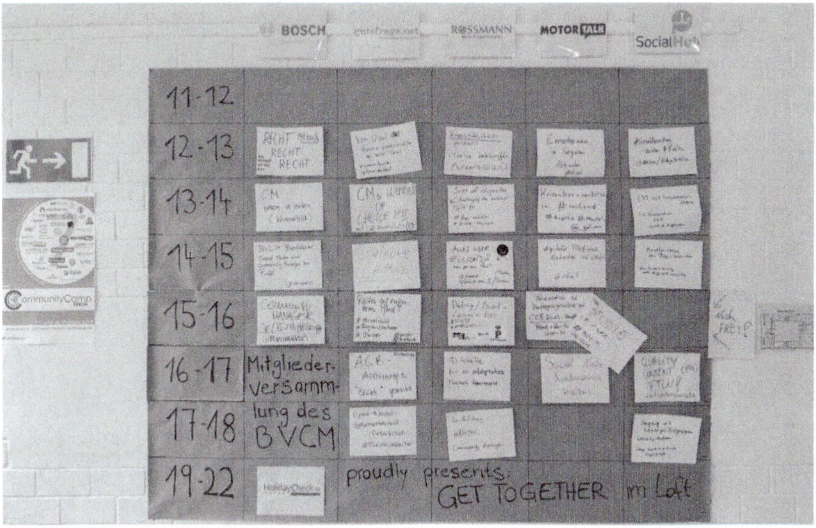

Abb. 3.4 Das Session-Board

alleine durch die Eigeninitiative der Teilnehmer. Später verteilen sich die Teilnehmer je nach Interessenlage auf die parallel bzw. nacheinander stattfindenden Sessions.

Dabei gilt der Grundsatz, dass so viele Sessions angeboten werden wie Räume zur Verfügung stehen (Regel 5: Es gibt so viele Sessions parallel, wie es der Veranstaltungsort erlaubt.). Sind alle Räume belegt, können die Session-Anbieter aber auch spontan kleinere Sessions im Gemeinschaftsbereich geben oder, wenn das Wetter es erlaubt, in den Außenbereich der Location ausweichen. Das Session-Board ist von nun an die zentrale Anlaufstelle aller Barcamper (Abb. 3.5). Parallel dazu sollte der Session-Plan auch online zur Verfügung gestellt werden.

3.4.8 Sessionthemen und Sessions

Als Sessionthema bietet sich alles an, was den Dialog und den Wissenstransfer unter den Teilnehmern fördert. Das kann eine Anfrage, ein Impulsvortrag, eine Produktpräsentation, ein Problembericht, eine reine Diskussionsrunde oder ein Workshop sein, jeweils mit ausgiebiger Diskussion während und nach den Vorträgen (Abb. 3.6).

Der Kreativität der Teilnehmer sind keine Grenzen gesetzt, lediglich in Form der Zeitfenster: Eine Session dauert maximal 60 min, wenn die nächste Session

Abb. 3.5 Das Session-Board als zentraler Treffpunkt (c) Michael M. Roth, MicialMedia

Abb. 3.6 Session mit laufender Diskussion (c) Michael M. Roth, MicialMedia

startet. Allerdings sollte man eher ein Zeitfenster von 45 min einplanen, da zwischen den Sessions häufig ja auch der Raum gewechselt werden muss und dem Session-Anbieter ein paar Minuten Vorbereitungszeit eingeräumt werden sollte. Bewährt hat sich, wenn ein akustisches Signal die letzten 15 min einer Session einläutet und auf den Wechsel einstimmt.

Die Türen der Sessionräume sind immer offen, zumindest im übertragenen Sinne. Es gilt das Open-Space-„Gesetz der zwei Füße“: Merken einzelne Teilnehmer, dass sie sich in der falschen Session befinden und sie eine parallel stattfindende Session besuchen wollen, ist es völlig legitim, den Raum zu verlassen und keineswegs ein Zeichen von Unhöflichkeit, ebenso wenig wie der Blick aufs Smartphone oder Tablet. Denn Barcamps sind noch immer Teil der Internetkultur, und es gehört zum Erfolg von Barcamps unmittelbar dazu, dass in Echtzeit während und über das jeweilige Barcamp berichtet wird.

3.4.9 Die Feedbackrunde

An die letzte Session schließt sich in der Regel die Feedbackrunde im Hauptversammlungsraum an, bei der die Teilnehmer ein Resümee ziehen und konkrete Hinweise und Verbesserungsvorschläge geben können, was ihnen besonders gefallen hat oder was geändert werden sollte. Diese direkte Rückkopplung zwischen den Teilnehmern untereinander und den Organisatoren schließt die Klammer um einen Barcamptag und ermöglicht allen Beteiligten, sich für den zweiten Barcamptag oder nachfolgende Barcamps noch besser auf die Wünsche und Erwartungen der Barcamper einzustellen.

3.4.10 Das „Get-together“

Nach der Feedbackrunde lässt ein gemeinsames „Get-together“ den ersten Barcamptag oftmals ausklingen, idealerweise gleich am Ort des Barcamps, weil beim Transfer in eine andere Location oft zu viele Teilnehmer verloren gehen.

Da Networking ein zentrales Element von Barcamps ist, sollte auch der Abendveranstaltung genügend Zeit eingeräumt werden. Abends verarbeitet man die Eindrücke des intensiven Tages, tauscht sich weiter aus, vertieft neue und alte Kontakte und plant oft noch mit anderen Barcampern den nächsten Tag und eine eigene Session. Beim „Get-together“ werden dann nochmals Speisen und Getränke angeboten, und nicht selten stehen die Organisatoren selbst hinter der Bar.

3.4.11 Der „Qualitätssonntag"

Bei einem zweitägigen Barcamptag – früher fanden Barcamps immer zweitägig an Wochenenden statt, was allerdings mit Blick auf den zunehmenden beruflichen Bezug nicht mehr grundsätzlich so gilt – folgt auf den ersten Tag der „Qualitätssonntag", an dem Themen des ersten Tages weiter vertieft werden und neue Sessionthemen hinzukommen.

Da sich die Teilnehmer vom Vortag überwiegend schon kennen, kann auf eine erneute Vorstellungsrunde verzichtet werden – auf den Sessionpitch hingegen nicht. Dieses Ritual wiederholt sich daher auch am zweiten Tag, und oft fühlen sich nun auch Barcamp-Novizen ermutigt, eigene Sessions anzubieten.

Auch der zweite Tag wird mit einer gemeinsamen Feedbackrunde beschlossen, und nicht selten lassen sich die Organisatoren eines Barcamps ermutigen, dieses Barcamp auch im darauffolgenden Jahr vorzubereiten und durchzuführen.

Eine schöne Tradition vieler Barcamps ist es übrigens, dass nach der Feedbackrunde gemeinsam aufgeräumt wird und das Barcamp so endet, wie es angefangen hat: als ein gemeinschaftlich gestalteter Prozess.

3.4.12 Zusammenfassung

Zusammengefasst lässt sich der Ablauf eines zweitägigen Barcamps wie folgt darstellen (vgl. Tab. 3.1, 3.2): Vorstellungsrunde, Sessionpitch und Feedbackrunde sind an den Veranstaltungstagen die wesentlichen Elemente eines Barcamps. Sie verdeutlichen die Kultur dieses besonderen Veranstaltungsformates und grenzen es von anderen Eventformen ab. Egal ob mehrtägiges oder eintägiges Barcamp, ob offenes Barcamp, Themencamp oder Corporate Camp: Auf diese drei Bestandteile

Tab. 3.1 Tag 1 – Der „Frequenztag"

Uhrzeit (Uhr)	Aktivität
08.30	Türöffnung
09.00	Frühstück
10.00	Eröffnung ⇒ Vorstellungsrunde ⇒ Session-Pitch
11.00	Beginn der Sessions à 45 min (15 min Zwischenpause)
13.00	Mittag
14.00	Fortsetzung der Sessions à 45 min (15 min Zwischenpause)
18.00	Feedbackrunde
19.00	Get-together (inklusive Abendessen)
22.00	Die Lichter gehen aus

Tab. 3.2 Der „Qualitätssonntag“

09.00 Uhr	Türöffnung
09.15 Uhr	Frühstück
10.00 Uhr	Session-Pitch
11.00 Uhr	Beginn der Sessions à 45 min (15 min Zwischenpause)
13.00 Uhr	Mittag
14.00 Uhr	Fortsetzung der Sessions à 45 min (15 min Zwischenpause)
16.00 Uhr	Feedbackrunde
17.00 Uhr	Das Barcamp ist zu Ende…

kann und darf nicht verzichtet werden, wenn man ein authentisches Barcamp veranstalten möchte.

3.5 Ausblick in Gegenwart und Zukunft

Seit dem ersten deutschen Barcamp 2006 in Berlin haben Barcamps nichts von ihrer Innovationskraft verloren. Sie haben allerdings an Interesse stark gewonnen. So haben sich Barcamps in kürzester Zeit als eigenständiges Veranstaltungsformat bewährt und deshalb fest etabliert, und teilweise haben sie sich unterdessen auch von den Vordenkern und Initiatoren der ersten Barcamp-Generation emanzipiert. Nach unserer Einschätzung ist dieser Entwicklungsprozess irreversibel. Es werden mehr und mehr allgemeinen Barcamps und vor allem auch themenspezifische Barcamps angeboten und durchgeführt werden.

Barcamps sind Symptome eines generellen sozialen Wandels der Gesellschaft, hin zu einer Share Economy, in der Inhalte und Wissen zunehmend nicht mehr nur konsumiert, sondern geteilt und weitergegeben werden. Sie verkörpern den Wunsch nach schlankeren, schnelleren, flexibleren Prozessen und begleiten inzwischen auch offline die digitale Transformation von Wirtschaft und Gesellschaft: Konsumwelten ändern sich, Arbeitswelten ändern sich. Nicht zuletzt der demografische Wandel verlangt ein zeitgemäßes Innovations- und Wissensmanagement und den Austausch auf Augenhöhe, für C2C, für B2C und für B2B.

3.5.1 Corporate Camps für und in Unternehmen

Vor allem Unternehmen stehen unter dem Druck, diese Veränderungen intern anzunehmen und voranzutreiben, um mit der Zeit zu gehen. Und Barcamps können hierbei helfen, als ein Tool neben anderen, um die eigene Unternehmenskultur angesichts sich stetig wandelnder Rahmenbedingungen weiterzuentwickeln. Nicht von ungefähr veranstalten Unternehmen wie Bosch oder die Telekom (http://www.klenkhoursch.de/blog-detailseite/interview-stephan-grabmeier-ueber-interne-telekom-barcamps.html) interne Barcamps, sogenannte *Corporate Camps*, zu allen möglichen Fragestellungen im Unternehmen, bilden damit bislang aber noch die Ausnahme.

Standen in diesen frühen Corporate Camps vor allem noch Technologiethemen aus dem Enterprise-2.0-Umfeld im Vordergrund, etwa der Einsatz von sozialer Software zur Projektkoordination, fürs Wissensmanagement und zur Innen- und Außenkommunikation, werden inzwischen alle möglichen, auch nichttechnischen Themen in Corporate Camps diskutiert. Dabei gilt auch hier: Die Mitarbeiter stehen im Mittelpunkt eines Corporate Camps. Wie auf einem regulären Barcamp auch, bestimmen sie die Inhalte und pitchen die Sessions, ungeachtet der Hierarchie, nach der Devise: Immer auf Augenhöhe!

Während auch für Corporate Camps Grundphilosophie und Regelwerk von Barcamps gelten, somit auch die wesentlichen Barcampelemente wie Dialog auf Augenhöhe, offener Sessionpitch und Selbstdokumentation in der Durchführung übernommen werden, unterscheiden sie sich doch in der Zielstellung und Organisation von sonstigen Bar- und Themencamps. Denn der Prozess ist nicht auf eine breite Öffentlichkeit, sondern nach Innen, ins Unternehmen, gerichtet. Es handelt sich ja um eine unternehmensinterne Maßnahme und Konzeption; Planung und Durchführung erfolgen demnach inhouse, können bei Bedarf aber von erfahrenen Barcamporganisatoren extern begleitet werden. Überdies ist es gerade bei Corporate Camps von Anbeginn wichtig, ein gut eingespieltes Team vor Ort zu haben, das das Format kennt und beherrscht, das Barcamp moderieren und mithelfen kann, die Ergebnisse zu sichern. Diese können dann gleichwohl öffentlich geteilt werden, wenn dies Teil der Unternehmensstrategie ist und gewünscht wird.

3.5.2 Chancen und Nutzen von Corporate Camps

Chancen und Nutzen von Corporate Camps sind vielfältig. Für Unternehmen stellt die Durchführung eines Corporate Camps eine glaubwürdige und auch kostengünstige Möglichkeit dar, sich als Arbeitgeber zu positionieren. Durch den offenen Dialog präsentiert man sich als attraktiver und kreativer Arbeitgeber, handelt es sich doch um eine sehr moderne HR-Maßnahme und den Einsatz eines innovativen Veranstaltungsformates. Corporate Camps bieten die Möglichkeit, die Fragestellungen innerhalb des Unternehmens durch Sessions des Managements „Top-down" und parallel dazu durch Sessions der Mitarbeiter „Bottom-up" zu diskutieren, um einen Wettstreit der Ideen anzuregen. Am Ende eines Barcamps geht es darum, die verschiedensten Sichtweisen miteinander zu vermitteln. Außerdem wird durch das offene Format ein Ideenmanagement angeregt, das am Tag selbst zu konkreten Ergebnissen führt. Ebenso bieten Corporate Camps das ideale Format, um mit internen und externen Stakeholdern auf Augenhöhe in den Dialog zu treten und kreativ zu kommunizieren.

Die Kommunikation jedes Unternehmens, jeder Marke integriert immer verschiedenste Perspektiven, innen wie außen. Corporate Camps tragen dazu bei, sich über die Pluralität der involvierten Perspektiven einen besseren Überblick in Echtzeit zu verschaffen. Darüber hinaus helfen Corporate Camps, Diskrepanzen zwischen Selbst- und Fremdwahrnehmung zu entdecken und kreativ zu diskutieren.

Zu den wichtigsten Themen, ein Corporate Camp zu veranstalten, zählen (ohne den Anspruch auf Wertigkeit): Employer Branding; Fortbildung und Einarbeitung für Mitarbeiter; Image, Reputation, Marke, Unternehmenskultur; Networking und offener Austausch mit internen und externen Stakeholdern; Pflege der Unternehmenskultur; Qualitäts- und Ideenmanagement; Recruiting; über den Tellerrand schauen: Kreativitätsfabrik; Wissenstransfer.

3.5.3 Barcamps im Umfeld klassischer Events

Angesichts der hohen Zufriedenheit mit diesem Veranstaltungsformat können Barcamps als nahezu ideale interaktive Treffpunkte der jeweiligen Szenen betrachtet werden. Dabei ist nicht ausgemacht, dass Barcamps ausschließlich in der vorherrschenden Form funktionieren und einsetzbar sind, d. h. als unabhängiges Veranstaltungsformat, eigens organisiert von und ausgestaltet für Mitglieder einer vorab bereits hochvernetzten Internet- bzw. Professionsszene. Vielmehr liegt es nahe, dass Barcamps auch in Kombination mit deutlich konventionelleren Veranstaltungsformaten wie Kongressen oder Messen modular angeboten werden können und in einem solchen Kontext ebenso kreativ-innovative Impulse auslösen. Durch die Ergänzung herkömmlicher Veranstaltungsformate durch Elemente der Barcamps können neue Potenziale erschlossen werden. Indem vertraute Abläufe durchbrochen und die interaktiven Ansätze der Barcamps kreativ in das Eventgeschehen integriert werden, werden das Interesse der Teilnehmer und deren Motivation zu einer aktiven Partizipation gefördert. So können Überraschungsmomente erzeugt und etablierte Standards überwunden werden.

Wir können Sie nur ermutigen, sich auf Barcamps einzulassen. Es zeugt von Ihrem Optimismus und Ihrer Weitsicht, wenn dieser Schritt gewagt wird. Wir versprechen Ihnen neue Erfahrungen, einen neuen Umgang miteinander, Lerneffekte und ggf. sogar Vorurteilskorrekturen. In einer Blogparade zum Thema „Dein erstes Barcamp" (http://cortexdigital.de/2013/09/blogparade-dein-erstes-barcamp) wurden über 80 Posts veröffentlicht, in denen Barcamper die Eindrücke ihres ersten Barcamps wiedergeben. Eine bessere Referenz kann man zum Abschluss dieses Beitrags nicht nennen.

Literatur

1. Hellmann, K. U. 2012. Barcamps als kommunikative Treffpunkte der Internetszene. In *Unter Piraten. Erkundungen in einer neuen politischen Arena,* Hrsg. C. Bieber und C. Leggewie, 127–136. Bielefeld: transcript.
2. Hellmann, K. U. 2007. Die Barcamp Bewegung. Bericht über eine Serie von „Unconferences". *Forschungsjournal Neue Soziale Bewegungen* 20 (4): 107–110.
3. Eberhardt, T., und K. U. Hellmann. 2015. Insights on Barcamps – Empirische Forschungsergebnisse einer noch jungen Eventform. In: *Events und Emotionen. Stand und Perspektiven der Eventforschung.* Hrsg. Cornelia Zanger, 239–263. Wiesbaden: Springer-Gabler.

Frank Feldmann Diplom-Finanzwirt, Digital Native und Barcamp-Evangelist. Organisator des *Barcamp Berlin* II 2007, des seit 2008 jährlich stattfindenden *CommunityCampBerlin* für Community- und Social Media Manager und des *Corporate Social Responsibility Camp 2015.* Mitinhaber von *Feldmann & Hellmann Barcamp Organisation* in Berlin.

Kai-Uwe Hellmann Soziologe, apl. Prof. am Institut für Soziologie der TU Berlin. Forschungsschwerpunkte: Konsum- und Wirtschaftssoziologie. Ausgewählte Publikationen: *Soziologie der Marke*, Suhrkamp 2003; *Fetische des Konsums*, Springer 2011; *Der Konsum der Gesellschaft*, Springer 2013. Sonstige Interessen: Initiator des seit 2008 jährlich stattfindenden *CommunityCampBerlin.* Mitinhaber von *Feldmann & Hellmann Barcamp Organisation* in Berlin.

Moderne Meetingformate als Instrument des Mitarbeitermarketings – Anreize zur Mitarbeiterbindung

4

Ute Solf

Zusammenfassung

Moderne Meetingformate werden in der Literatur und in der Praxis vorrangig unter dem methodisch-didaktischen Ansatz der inhaltlichen Ausgestaltung und Organisation mit dem Ziel von mehr Interaktion, Kommunikation, Kreativität und Motivation der Teilnehmer diskutiert. Die Herausforderung liegt hierbei bei dem Veranstalter bzw. Moderator.

Moderne Meetingformate als Instrument des Mitarbeitermarketings richten den Fokus auf die Unternehmensleitung und auf Mitarbeiter mit Personalverantwortung. Der Beitrag hinterfragt Rahmenbedingungen zur Einführung moderner Meetingformate als strategisches Personalführungsinstrument und als akzeptiertes demokratisches Beteiligungsinstrument in die innerbetriebliche Kommunikation.

Diese Fragestellung gewinnt vor dem Hintergrund des Fachkräftemangels und der Suche nach eigenen Employer Brands eine zusätzliche Dimension. Nicht das Ergebnis einer gestellten Aufgabe für ein Meeting steht hierbei im Fokus, sondern der Kompetenzerwerb für Mitarbeiter, der Motivationsaufbau als Dauerimpuls und Anreiz für die tägliche Arbeit sowie die Identifikation mit dem Unternehmen.

Der Beitrag setzt Rahmenbedingungen bzw. Voraussetzungen zur Einführung bzw. Handhabung von neuen Meetingformaten als Führungsinstrument.

Die Autorin nutzt die Teilnehmererfahrung während eines Employer Branding Camps der Hotelbranche und reflektiert Meinungen von Personalverantwortlichen zur Thematik.

U. Solf (✉)
BEST-Sabel Bildungszentrum GmbH Berlin, Berlin, Deutschland
E-Mail: dr.solf@best-sabel.de

T. Knoll (Hrsg.), *Neue Konzepte für einprägsame Events*,
DOI 10.1007/978-3-658-10155-8_4

4.1 Problemstellung

Neue oder moderne Meetingformate wie World Café, Zukunftswerkstatt (Zukunftskonferenz), Fishbowl, Open Space, Barcamp werden in der Literatur bisher überwiegend aus der Sicht der Veranstaltungsbranche ([1], Kap. 9) neben klassischen Formaten wie Konferenz, Seminar, Präsentation u. a. unter methodisch-didaktischer Zielstellung und der interaktiven Einbeziehung von unterschiedlichen Gruppen nach Größe, Interessenstrukturen und nach Ergebnisorientierung beschrieben. Die Rolle des Organisators und Moderators, seine didaktisch-methodische und organisatorische Kompetenz steht hierbei im Mittelpunkt. Ihre Erfahrungen auf diesem Gebiet tauschen Kommunikationsexperten in zahlreichen Blogs und Beiträgen auf Kommunikationsplattformen aus. Die Beiträge tragen zur Akzeptanz neuer Meetingformate hinsichtlich des unmittelbaren Erfolgs der Veranstaltung aus der Sicht der Zielvorgaben des Veranstalters und der Erwartungshaltung der Teilnehmer bei.

In der Praxis werden moderne Meetingformate auch in Kombination mit klassischen Meetingformaten angewandt, indem beispielsweise eine Tagung mit einem Zeitfenster durch aktivierende Formate der Teilnehmer begleitet wird. Für die Veranstalterbranche stellen die neuen Meetingformate ein wichtiges Instrument zur eigenen Produktentwicklung wie zur Teilnehmerakquise dar, Letzteres auch vor dem Hintergrund des zunehmenden digitalen Austausches und der Nachfrage nach Formen von Live-Kommunikation.

Die Betrachtung des Nachhaltigkeitsaspektes moderner Meetingformate im Sinne der Langzeitwirkung einer Veranstaltung führt zu Fragen von Initiierung einer dauerhaften Motivation zur persönlichen Weiterbildung, zum fachlichen und sozialen Kompetenzerwerb, zu Rahmenbedingungen des Wissens- und Erfahrungstransfers im eigenen Unternehmen und in Folge zur Frage, inwieweit Unternehmen moderne Meetingformate als strategisches Personalführungsinstrument erkennen und in einem Employer Branding[1] platzieren.

Der Beitrag verfolgt eine prozessorientierte Darstellung der Implantierung von Prinzipien und Maßnahmen moderner Meetingformate in Unternehmen: Mitarbeiterorientierte Führungsrichtlinien, die in einem Unternehmensleitbild verankert sind, bilden den Rahmen, sich auf den Führungsebenen auf moderne Meetingformate einzulassen. Moderne Meetingformate können als offene interne und exter-

[1] Employer Branding als Form des Personalmarketings gewinnt vor dem Hintergrund eines wachsenden Fachkräftemangels an Bedeutung. Gefragt sind u. a. Anreize für Bewerber und Mitarbeiter zu schaffen in der betreffenden Branche und für ein Unternehmen tätig zu werden. Die identitätsfördernde Markenführung bei Mitarbeitern wird durch Maßnahmen im Employer Branding verankert.

ne Kommunikationsform im Employer Branding Eingang finden. Unternehmen und Mitarbeiter müssen beiderseitig ein kooperatives Verständnis aufbringen, um ein offenes und transparentes Klima zu schaffen, das wiederum die Grundlage für den unmittelbaren Teilnehmererfolg von modernen Meetingformen bildet. Durch weitere Prozessstufen werden Rahmenbedingungen und Maßnahmen zur Nutzung extern veranstalteter, moderner Meetingformate einbezogen, deren Auswertung bereits einen konkreten Schritt in Richtung Nachnutzung im eigenen Unternehmen darstellt, was schlussendlich zu der Überlegung führt, intern moderne Meetingformate im Unternehmen zur Arbeitskultur heranreifen zu lassen.

4.2 Elemente moderner Meetingformate als Dispositionsfaktoren für Partizipation im Unternehmen

4.2.1 Herausforderungen für die Personalgewinnung und -führung

Der demografische Wandel bewirkt, dass die Bevölkerung in den industriell entwickelten Ländern sich zahlenmäßig verringert und sich die Struktur der Alterspyramide zuungunsten der jüngeren Generation verändert (vgl. Abb. 4.1).

N.I.T. dwif consulting tns infratest

Unterschiedliche Datenquellen im Vergleich

	2007						2020 (Prognose)					
	BBR*		destatis**		deutsche Wohnbev. 14 J.+		BBR*		destatis**		deutsche Wohnbev. 14 J.+	
Alter	%	Mio.	%	Mio.	%*	Mio.	%	Mio.	%	Mio.	%*	Mio.
0 - 13 J.	13	10,59	13	10,45	0	0	12	9,63	11	9,17	0	0
14 - 29 J.	19	15,53	19	15,30	22	13,97	17	13,88	16	12,96	19	12,38
30 - 59 J.	44	35,98	43	35,72	50	32,37	42	34,75	42	33,45	48	31,01
60 - 69 J.	12	9,57	12	9,59	13	8,61	13	10,91	14	10,96	15	9,73
70 - 79 J.	9	7,16	9	7,26	10	6,44	9	7,40	9	7,60	10	6,60
80 J.+	5	3,82	5	3,89	5	3,44	7	5,57	7	5,92	8	4,97
Deutschl. gesamt	100	82,65	100	82,20	100	64,82***	100	82,14	100	80,06	100	64,70****

Abb. 4.1 Bevölkerungsprognose (Auswirkungen des demografischen Wandels auf den Tourismus, S. 18)

> Der demografische Wandel betrifft auch die erwerbsfähige Bevölkerung zwischen 20 und 60 Jahren. Diese verringert sich zwischen 2002 und 2020 um 2,9 % auf 44 Mio. Damit geht die Zahl der Erwerbsfähigen in Deutschland stärker zurück als die Bevölkerung insgesamt. ([2], S. 17)

Das führt bereits aktuell zu der Situation, dass der Fachkräftemangel in vielen Branchen angekommen ist und somit ein Wettbewerb um die Gewinnung und Entwicklung von Fach- und Führungskräften für Unternehmen mit unterschiedlichem Nachdruck besteht. Die Tourismusbranche als Dienstleistungssektor mit besonderen Arbeitsbedingungen, wie Saisonstoßzeiten, Schichtzeiten, ungleichmäßige Verteilung der Tagesarbeitszeit und einen im Vergleich zu anderen Branchen geringeren Durchschnittslohn, leidet insbesondere unter Fachkräftemangel und Fluktuation.[2]

Das Heranwachsen einer neuen Generation von Fachkräften vor dem Hintergrund des Wertewandels hinsichtlich der Gestaltung der eigenen Arbeits- und Lebensformen führt dazu, dass die Ansprüche an die individuelle Verwirklichung im Arbeitsprozess wachsen. Mitarbeiter erwarten heute eine individuelle Ansprache. Incentives wie Messebesuche oder Azubi-Ausflüge erzeugen nicht mehr die gewünschte Begeisterung und Motivation. Durch das Berufsumfeld der Autorin in der akademischen Ausbildung von Fachkräften im Tourismus- und Eventbereich wird die Arbeitsplatzsuche nach dem Studium und die Erwartungen der Absolventen an die Unternehmen inhaltlich im Rahmen von Workshops an der Hochschule und durch die Teilnahme an Podiumsdiskussionen auf der Internationalen Tourismusbörse (ITB) thematisiert.([4], S. 152) Absolventen, stellvertretend für die Generation Y, benennen in der Rangfolge [5]:

- ein gutes Teamklima,
- die Einbindung in betriebliche Prozessabläufe durch innerbetriebliche Kommunikation als Ausdruck des Mitgestaltungswillens,
- Kreativität zur persönlichen Gestaltungsmöglichkeit im Gegensatz zu rein operativen Abläufen im Servicegeschäft,
- materielle und nichtmaterielle Anerkennung der Leistung,
- Entwicklungs- und Karriereoptionen,
- Vereinbarkeit bzw. Ausgeglichenheit von Familie, Freizeit und die auf die Tourismusbelange zugeschnittene Arbeitszeit,
- authentische Vorbilder der Vorgesetzten.

[2] Ein Blick auf die Verdienstmöglichkeiten zeigt, dass ein durchschnittlicher Arbeitnehmer im Gastgewerbe (Voll- und Teilzeitbeschäftigte) 1610 € Brutto pro Monat verdient, was bei 33,8 Wochenarbeitsstunden einem Bruttostundenlohn von 10,95 € entspricht, in: Auswirkungen des demographischen Wandels auf den Tourismus und Schlussfolgerungen für die Tourismuspolitik (2009), S. 97

Einige dieser Erwartungen, wie Kreativität im Arbeitsprozess und die Unterstützung einer Work-Life-Balance, stellen besonders Tourismusunternehmen vor eine echte Herausforderung, da der Einfluss auf die organisatorischen Rahmenbedingungen im Berufsalltag durch operative Prozesse, Schichtdienst, unterschiedlicher Arbeitsanfall durch Saisonzeiten, begrenzt ist. Hier haben Tourismusunternehmen eine ganz besondere Herausforderung im Wettbewerb um die Attraktivität ihrer Arbeitsplätze durch andere Komponenten aufzuwerten. Daher gewinnen Überlegungen nach Maßnahmen und interaktiven Konzepten, die den operativen Bereich des Arbeitsfeldes ergänzen und die ganzheitliche Unternehmenskultur umspannen, an Bedeutung.

Durch das wachsende Angebot von Bewerbern mit akademischem Abschluss sind ebenfalls rückschließende Überlegungen in der Personalpolitik für Inhalt und Form von Weiterbildungen zu ziehen. Der Bildungsreport 2014 zeigt, dass betriebliche Weiterbildungen als Teil des Weiterbildungsmarktes im Untersuchungszeitraum (2007–2012) seit 2010 wieder stark zunehmend sind, nachdem zunächst seit 2007, offensichtlich bedingt durch die Finanz- und Wirtschaftskrise, die Förderung von betrieblicher Weiterbildung durch die Unternehmen stark rückläufig war. Abb. 4.2 zeigt die Bedeutung der betrieblichen Weiterbildung insgesamt.

„Bei der Wahrnehmung des Nutzens von Weiterbildung ist zwischen der Nutzenerwartung und dem eingetretenen Nutzen zu unterscheiden. Bei den Nutzenerwartungen steht eine höhere persönliche Zufriedenheit durch mehr Wissen und Können an erster Stelle (54 %), gefolgt von einer höheren Leistungsfähigkeit am

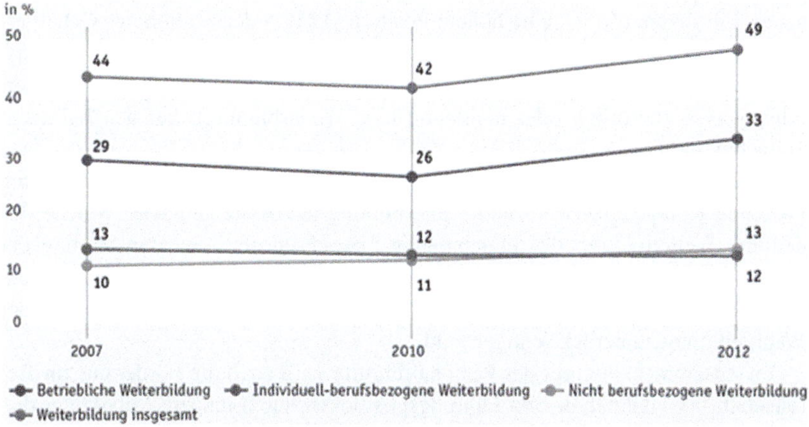

Abb. 4.2 Teilnahme an Weiterbildungen 2007–2012 nach Weiterbildungstypen in % (Bundesministerium für Bildung und Forschung 2014, S. 14)

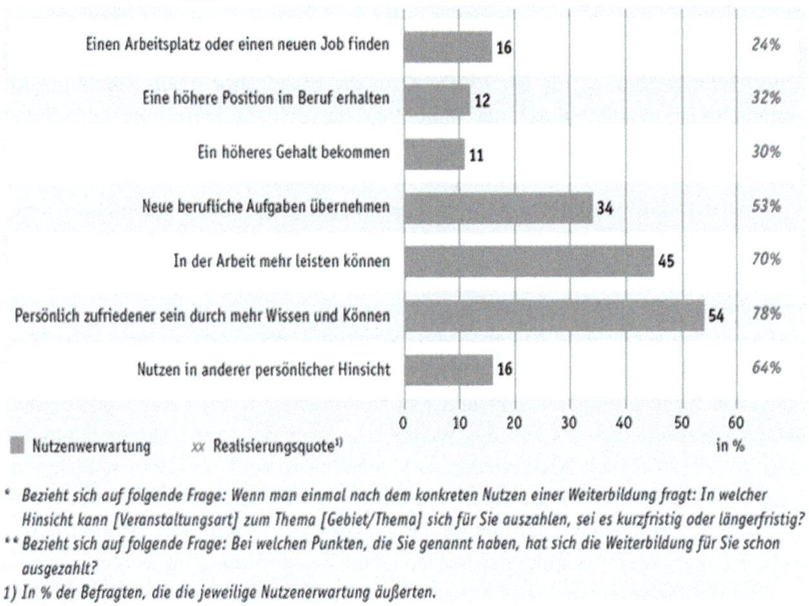

Abb. 4.3 Weiterbildungserträge (Bundesministerium für Bildung und Forschung 2014, S. 153)

Arbeitsplatz (45 %) und der Erwartung, neue berufliche Aufgaben übernehmen zu können (34 %). Danach folgen materielle Aspekte der Arbeitssituation, wie einen neuen Job finden (16 %), eine höhere Position (12 %) oder ein höheres Gehalt erreichen.“ ([4], S. 152) Die Abb. 4.3 stellt einen Zusammenhang zwischen Nutzenserwartung und Nutzensrealisierung von Weiterbildungen, unabhängig des Weiterbildungstyps (beruflich oder nichtberufliche Weiterbildung), bei den befragten Teilnehmern her.

Im Bildungsreport Deutschland 2014 wurde auch erstmals der Zusammenhang zwischen Kompetenzerwerb und Weiterbildung in Ansatz gebracht. Welche Bedeutung Weiterbildung für teilnehmende Erwachsene bei der Bewältigung der Anforderungen in der Erwerbsarbeit darstellt wird über einen weiteren Zeitraum Gegenstand von Befragungen sein müssen, da hier Langzeitwirkungen in der Wahrnehmung zu berücksichtigen sind.

Im Zusammenhang mit der Personalführung wird auch die Förderung zur Bereitschaft der Übernahme von Führungspositionen durch jüngere Mitarbeiter diskutiert [8]. Die Übernahme von Führungspositionen darf nicht durch Wahrnehmung bzw. Reduzierung von Führungsfunktionen mit bzw. auf Mehrbelastung und dem Zweifel an der eigenen Führungskompetenz scheitern. Für die Besetzung von Führungspositionen, auch im mittleren Management, müssen Maßnahmen für einen umfassenden Kompetenzerwerb im Vorfeld und begleitend in der Übernahme von Führungsfunktionen geplant werden. Selbstständigkeit, Kommunikation in verschiedenen Situationen, Akzeptanz gegenüber zu führenden Personen und – nicht zuletzt Spaß am Führen – sind Kompetenzen, die beispielsweise durch austauschorientiertes Lernen unterstützt werden können.

Im Zusammenhang mit dem demografischen Wandel muss sich in Unternehmen der Fokus aber auch auf die älteren Fachkräfte richten. Die Unternehmen investieren noch zu wenig in die Entwicklung ihrer älteren Mitarbeiter, die künftig länger in den Arbeitsprozess eingebunden sein werden als früher. Hat man gewöhnlich hier eine Altersgruppe ab 50+ im Visier, so beginnt diese Altersbetrachtung im Tourismus meist schon bei 40+. Bisher stand die vorausschauende Förderung älterer Arbeitnehmer weniger im Fokus bzw. sind die Arbeitsplätze/-bedingungen für ältere Arbeitnehmer auch nicht attraktiv. Neben der arbeitsorganisatorischen Gestaltung der Einsatzbedingungen gilt es sich der Problematik der Weiterbildung für diese Gruppe ([9], S. 122), aber auch der Sicherung des Erfahrungstransfers im Unternehmen zunutze zu machen. Die Studie des Fraunhofer-Institutes für Arbeitswissenschaft und Organisation verweist auf verschiedene Erfahrungen älterer Verwaltungsangestellter mit unterschiedlichen Lernsettings. Unter anderem beeinflusst selbstorganisiertes und austauschorientiertes Lernen den Lernerfolg [9]. Darüber hinaus hat das generationsübergreifende Lernen und Austauschen eine wichtige Funktion hinsichtlich der Schaffung von gegenseitiger Akzeptanz gemischter Arbeitnehmergruppen.

Der Bildungsreport Deutschland 2014 kommt im Kapitel G „Weiterbildung und Lernen im Erwachsenenalter" zu einem ähnlichen Ergebnis, dass die Gruppe der älteren Arbeitnehmer, der 50-bis unter 65-Jährigen, 2012 den höchsten Anstieg gegenüber anderen Altersgruppen bei der Teilnahme an Weiterbildung verzeichnete [10].

Der technologische Wandel der Arbeitswelt, die Digitalisierung der Kommunikation führt Fragen der Partizipation der Mitarbeiter am unternehmerischen Gesamtprozess bei gleichzeitiger Individualisierung der Prozessabläufe nach sich. Partizipation im Sinne von Teilen von Wissen, Teilhaben am Wissen sowie an seiner Verbreitung im Unternehmen führt neben demokratischen Grundsatzfragen auch zu Fragen der betrieblichen Ablauforganisation und des Weiterbildungsangebotes. Das Wissen von Mitarbeitergruppen kann durch interaktive Formate ausgetauscht, verstetigt und damit gesichert weitergegeben werden. Dies erfordert infolge wiederum eine Beteiligungskommunikation in den Prozessabläufen der täglichen Arbeit im Unternehmen. Die Entwicklung von Zukunftskompetenzen wie Team- und Kommunikationsfähigkeit, Kommunikationsstärke, Verantwortungsbereitschaft, Flexibilität und die Fähigkeit zur Selbstorganisation gewinnen daher in der Personalführung an Bedeutung, damit die Mitarbeiter den Platz zur Beteiligung ausfüllen können [4].

4.2.2 Dispositionsfaktoren moderner Meetingformate am Beispiel Barcamp

World Café, Zukunftskonferenz, Fishbowl, Open Space und als Sonderform das Barcamp zählen zu den modernen Meetingformaten. Ihnen ist die offene und aktive, respektive partizipative Beteiligung der Teilnehmer gemeinsam. Folgende Gestaltungselemente zeichnen ein Open Space, respektive Bar Camp aus[3]:

- „**Gestaltungshoheit der Teilnehmer**: Es gibt keine vorgegebene Agenda, die inhaltliche Ausgestaltung wird im Rahmen einer Minimalstruktur von den Teilnehmer am Beginn der Veranstaltung selbst vorgenommen.
- **Selbstorganisation**: Die Moderation beschränkt sich darauf, die Veranstaltung in Gang zu bringen und abzuschließen, dazwischen werden die Eingriffe so gering wie möglich gehalten. Auch die einzelnen Sessions/Workshops werden von den Teilnehmern selbst moderiert.
- **Freiheit – Selbstverantwortung**: Die Teilnehmer treffen selbst die Entscheidung, wohin sie im Rahmen der Veranstaltung gehen, wie lange sie bleiben und wann und wohin sie wechseln. Die Grundlage dafür ist das sog. Gesetz der zwei Füße/Gesetz der Mobilität: ‚Überprüfe zu jeder Zeit, ob du an dem Ort, an dem du dich befindest, etwas lernen oder beitragen kannst. Wenn du nichts lernen oder beitragen kannst, ehrst du die Gruppe mit deiner Abwesenheit.'
- **High energy, high learning:** Das Momentum der Freiheit in Kombination mit dem Gesetz der zwei Füße sorgt in beiden Fällen für einen unglaublichen Energieschub beim Dialog auf Augenhöhe."

Die Prinzipien verkörpern das Anliegen von Partizipation: durch freie Entscheidung zur Wahrnehmung von Selbstverantwortung durch Selbstorganisation zu einer hohen Motivation zu gelangen und im Dialog mit anderen auf Augenhöhe zu kommunizieren. Insofern sind sie zugleich Dispositionsfaktoren für Partizipation im Unternehmen.

[3] BarCamp oder Open Space? (www.transformation.at). (abgerufen. 24.05.15)

Die Umsetzung dieser Prinzipien im Meeting erfordert Regeln für die Teilnehmer, mit denen sie sich im Vorfeld auseinandersetzen sollen, um aktiv und erfolgreich am Meeting teilzunehmen.

Die Autorin hat im Rahmen des geplanten Buchbeitrages selbst an einem Barcamp teilgenommen, das nach Thema (Personalmarketing und Employer Branding) und nach Meetingformat den beruflichen Interessen und der Zielstellung des Autorenbeitrages entsprach [12].

Das Barcamp richtete sich an Hoteliers, Berater, Fach- und Führungskräfte und Personaler aus Hotellerie, Tourismus und beliebigen anderen Branchen, an Studierende und Auszubildende, Lehrbeauftragte, Verbände, Blogger, Journalisten und Dienstleister aus dem Hotelbereich. Inhaltlicher Schwerpunkt der Veranstaltung war der gesamte Themenkreis „Arbeitgeber- und Personalmarketing in Hotellerie und Tourismus". Auf der Agenda standen Themen wie z. B. Führungskultur, Generation Y, Mitarbeiterbindung und Unternehmenskultur.

Circa 50 Teilnehmer, davon zwei Drittel im Alter zwischen 23 und 35 Jahren, stellten sich für zwei Tage folgende Themen in verschiedenen Sessions in einem Zeitfenster zusammen, wie:

- Leadership Development/Führung in Zeiten von Gen Y – Fachkräftemangel, Förderung von Führungskräften, Befähigung der Abteilungsleiter, Mitarbeiter zu führen
- Umgangsformen: Du oder Sie – wie halte ich gute Mitarbeiter?/Employee Retention – Meetingformate (intern)
- Tue Gutes und rede darüber, Employer-Branding-Bausteine, Wege/Best Practice,
- Authentizität – wie bleibe ich authentisch Mitarbeiter als Markenbotschafter (Gen Y + Z)
- Persönlichkeitsprofile, persönliche Weiterbildung, Potenzialentfaltung
- Stärkenzentriertes Arbeiten/Flex-Strukturen/Analyse, Ideenmanagement, Mitarbeiter einbinden, Identifikation mit dem Hotel/Betrieb, Wissensvielfalt, Ideen einfach und schnell umsetzen
- Mitarbeitermotivation ohne finanziellen Anreiz – welche Modelle gibt es?
- Incentive Systems = Anreiz?
- Erarbeitung Führungsführerschein – welche Komponenten sollten abgedeckt werden?

Die Themen widerspiegeln in ihrer Bandbreite die Herausforderungen der unter 1.1.1 genannten Faktoren der Branche.

4.2.2.1 Weiterbildung durch Wissenserwerb (Lernen) und Erfahrungsaustausch

Der Dispositionsfaktor Wissenserwerb erfolgt im Barcamp hauptsächlich durch den Erfahrungsaustausch mit externen Kollegen und Experten. Dabei wird das Wissen durch einen eingangs theoretischen Abriss durch den Teilnehmermoderator vermittelt und durch Best Practice der Teilnehmer untersetzt. Der Erfahrungsaustausch zwischen den Generationen ist als wichtige Komponente des Wissenszuwachses anzusehen.

4.2.2.2 Sozialer Kompetenzerwerb und Erlangung von Führungskompetenz

Der soziale Kompetenzerwerb besteht in der offenen Kommunikation zwischen den Teilnehmern. Jeder Teilnehmer wird gegenseitig akzeptiert. Alle Vorschläge zu interessierenden Themen werden zunächst aufgenommen und über eine Abstimmung favorisiert. Das aufgenommene Thema wird durch den Initiator als Teilnehmer im Arbeitskreis durch eine Anmoderation und durch die Leitung der Diskussion bearbeitet und durch eine Zusammenfassung (in Posterform) allen Barcampteilnehmern zugänglich gemacht. Zusätzlich wird dies durch eine Twitterplattform unterstützt und die Ergebnisse somit für die weitere Arbeit der Teilnehmer in den Unternehmen gesichert.

Der soziale Kompetenzerwerb wird durch begleitende Veranstaltungen als Freizeitkomponente wie „Get-together" oder durch eine andere gemeinsame Abendveranstaltung unterstützt.

4.2.2.3 Mitarbeiteridentifikation mit dem entsendenden Unternehmen

Mitarbeiter, die vom Unternehmen zur Teilnahme am Barcamp mit Übernahme der Kosten für An-/Abreise, Hotelunterkunft und Teilnehmergebühr entsendet werden, bringen a priori eine Loyalität gegenüber ihrem Unternehmen ein. Die Vorstellung der eigenen Funktion im Unternehmen und die Einbringung eigener beruflicher Erfahrungen im Arbeitsbereich signalisieren den Teilnehmern die Identifikationsbereitschaft mit dem Unternehmen. Die Identifikation kann durch das Unternehmen zusätzlich gesteuert werden, indem im Nachhinein die Ergebnisse des Weiterbildungsmeetings zielgerichtet hinterfragt und Rahmenbedingungen für die Einbringung und Umsetzung von Ideen aus dem Barcamp geschaffen werden.

4.3 Stufen zur Implantierung moderner Meetingformate in die Personalführung

Die Kernfrage zum Themenbeitrag betrifft die Implantierung von Dispositionsfaktoren moderner Meetingformate in den Arbeitsalltag. Diese Kernfrage wurde im Rahmen eines Lehrforschungsprojekts im Studiengang Business Travel Management und MICE an der BEST-Sabel-Hochschule Berlin durch die Vergabe eines Themas zur Bachelor-Thesis bearbeitet [14]. Die Kandidatin führte u. a. Experteninterviews mit Anbietern von modernen Meetingformaten wie auch mit Unternehmensvertretern durch, die gelegentlich Erfahrungen durch die Entsendung von Mitarbeitern mit entsprechenden Weiterbildungsveranstaltungen sammeln konnten.

Fünf Themenblöcke wurden aus der Kernfrage entwickelt, wobei folgende drei im engeren Kontext zu diesem Beitrag stehen:

a. Die Eignung moderner Meetingformate als unternehmensinternes Führungsinstrument
b. Die Kompetenzförderung durch partizipative Meetingformate bei den Teilnehmern
c. Die nachhaltige Wirkung partizipativer Meetingformate im Arbeitsalltag

Die Eignung als Führungsinstrument wird im engeren und weiteren Sinne gesehen. Im engeren Sinne bedeutet dies die Anerkennung der kompetenzfördernden Eigenschaften moderner Meetingformate als Weiterbildungsformat, die betriebsintern und extern für Mitarbeiter befürwortet werden.

Im weiteren Sinne bedeutet das für die Unternehmen offen für neue Führungsmaßnahmen zu sein, um die kompetenzfördernden Eigenschaften (Dispositionsfaktoren) nachhaltig für das eigene Unternehmen zu nutzen. Hier sind die Meinungen unterschiedlich, da letztlich der unternehmerische Erfolg von operativen und strategischen Maßnahmen beeinflusst wird. Die Auswertung durch die studentische Arbeit verweist dabei auf einige interessante Hemmfaktoren für die Implantierung von Dispositionsfaktoren moderner Meetingformate in den Arbeitsalltag.

Diese liegen zum einem in der Branchen- und Bereichsspezifik, was u. a. unterschiedliche Mitarbeiterstrukturen und -voraussetzungen mit sich bringt, verbunden mit unterschiedlich ausgeprägter Bereitschaft der Mitarbeiter, sich an modernen Meetingformen zu beteiligen.

Zum anderen entsteht Zweifel oder Ablehnung auch aus Nichtwissen über die Erfolgsfaktoren neuer Meetingformate auf der Führungsebene. Daher ist die Selbsterfahrung von leitenden Mitarbeitern eine Bedingung der Öffnung gegenüber neuen Meetingformaten. Junge Mitarbeiter mit Führungsfunktion betonen stark ihre eigene Vorbildrolle im Umgang mit Mitarbeitern und werden als neue Führungsgeneration sich offen gegenüber modernen Meetingformaten im Führungsalltag verhalten.

Ein weiteres Hemmnis besteht im Wettbewerbsverhältnis der Unternehmen gegenüber anderen Unternehmen. Moderne Meetingformate stellen ein Instrument zum kooperativen Umgang mit anderen Unternehmen dar. Durch den offenen Umgang der Teilnehmer miteinander und durch das Prinzip „Lernen durch Erfahrungsaustausch und Best Practice" wird die Überwindung einer gewissen Hemmschwelle, die durch das Wettbewerbsdenken geprägt ist, bewusst ausgeschaltet. Hier ist den teilnehmenden Mitarbeitern einfach Vertrauen entgegenzubringen, wenn sie auch mit Stolz andere von den besten Erfahrungen profitieren lassen.

Die praktische Untersuchung zeigt, dass die Thematik der Implantierung moderner Meetingformate in die Personalführung noch am Anfang steht. Maßnahmen mit einer stufenweisen Erfolgssicherung könnten als strategische Ausrichtung dienen.

Moderne Meetingformate als Instrument der Personalführung betreffen das Change Management im Unternehmen und setzen einen mitarbeiterorientierten Führungsstil voraus, der im Unternehmensleitbild verankert ist. **(Stufe 1)**

Die kostenseitige Budgetplanung von Weiterbildungen, aufgeschlüsselt nach Abteilungen, stellt eine erste konkrete Maßnahme dar. **(Stufe 2)**

Eine inhaltliche Planung nach Weiterbildungsanforderungen (Themen) und Weiterbildungsformaten entsprechend des angestrebten Kompetenzerwerbs bilden die dritte Stufe. **(Stufe 3)**

Die nachhaltige Nutzung moderner Meetingformate beginnt mit der Möglichkeit einer Rückkopplung durch einen Erfahrungsbericht des Mitarbeiters unmittelbar nach der Meetingteilnahme, und ermöglicht, sich zu einer Problematik im Unternehmen zu äußern bzw. sie zu bewerten. Die Förderung weiterer Rahmenbedingungen zur Entwicklung, Anwendung, Sicherung und Umsetzung des Kompetenzerwerbs des Mitarbeiters durch Übertragung von Verantwortung, Schaffung von Freiräumen in der eigenen Arbeit und durch die Anerkennung der Weiterbildungsbereitschaft, auch einen Teil der Freizeit für Weiterbildung einzubringen, bilden eine vierte Stufe. **(Stufe 4)**

Die Öffnung des Unternehmens, moderne Meetingformate betriebsintern unter Hinzuziehung von externer Beratung anzuwenden, die Weiterbildung von Mitarbeitern als Moderatoren moderner Meetingformate ins Unternehmen zu integrieren, ermöglicht die Dispositionsfaktoren moderner Meetingformate auf eine breite Mitarbeiterplattform zu übertragen **(Stufe 5).** Mit dieser Stufe wird eine neue Qualität in der internen Kommunikation angestrebt.

Fazit

Moderne Meetingformate stellen ein Instrument zur Begegnung der Herausforderungen hinsichtlich der Mitarbeiterakquise und der Mitarbeiterbindung dar. Sie vereinen in sich Methoden und Instrumente zur Erzeugung zukunftweisender Mitarbeiterkompetenzen und zur Partizipation der Mitarbeiter am Gesamtgeschehen des Unternehmens. Als Instrument der Personalführung tragen sie im Rahmen der Mitarbeiterweiterbildung zur Erlangung von Zukunftskompetenzen unterschiedlicher Mitarbeitergruppen und zur Mitarbeiterbindung an das Unternehmen bei. Die Schaffung von Rahmenbedingungen zur Übernahme von Dispositionsfaktoren moderner Meetingformate in das Personalmanagement stellt eine strategische Managementaufgabe dar. Die Umsetzung von Maßnahmen in einem stufenartigen Prozessverlauf ermöglicht es, Teilziele zu sichern und den Zeitrahmen für das Management und für die Mitarbeiter zu schaffen, sich auf ein kooperierendes und partizipierendes Miteinander vorzubereiten.

Literatur

1. AUMA. 2006. Seminar-,Tagungs- und Kongressmanagement, Veranstaltungsdidaktik und -design, Projektmanagement, Durchführung und Nachbereitung, 2. Aufl, Cornelsen.
2. Auswirkungen des demographischen Wandels auf den Tourismus und Schlussfolgerungen für die Tourismuspolitik. 2009. AP 1: Eckdaten des demographischen Wandels und Schnittstellen zum Tourismus Mai 2009 (Bundesministerium f. Wirtschaft u. Energie).
3. BarCamp oder Open Space? Quelle. 2015. Transformation Unternehmensentwicklung (www.transformation.at). Zugegriffen: 24. Mai. 2015.
4. Bundesministerium für Bildung und Forschung. 2014. Bildung in Deutschland 2014, Kapitel G Weiterbildung und Lernen im Erwachsenenalter.
5. Studienabschluß und dann? – Podiumsdiskussion der BEST-Sabel-Hochschule auf der ITB 2012.
6. Erstes Barcamp für Personalmarketing Employer Branding Camp Bendorf, 25. März. 2015: Vom 17.–19. Apr. 2015, organisiert den HSMA Deutschland e. V. gemeinsam mit der AHGZ und der IFH.
7. Erwartungen junger Fachkräfte an Unternehmen: Podiumsdiskussion auf der ITB 2012 von und mit Studierenden der BEST-Sabel-Hochschule Berlin.
8. Das AUMA-Experten-Forum, Future Talents Rocking Old School Management? im Rahmen der Meeting Experts Conference (MEXCON) thematisierte u. a. die Problematik (12. Juni. 2014).
9. Ältere Lerner, neue Konzepte, in: Personalmagazin 5/2015, S. 22 ff.
10. Korge, G., und C. Piele. 2014. Lernen Ältere: Lernsettings für ältere Verwaltungsmitarbeiter, Studie des Fraunhofer-Instituts für Arbeitswissenschaft und Organisation IAO.
11. Bildungsreport. 2014. Kap. G.
12. Barcamp für Personalmarketing, Employer Branding Camp Bendorf, 25. März. 2015: Vom 17.–19. Apr. 2015 organisiert die HSMA Deutschland e. V. gemeinsam mit der

AHGZ und der IFH das erste Barcamp für Arbeitgebermarketing (Employer Branding) und Human Resources in Hotellerie und Tourismus im Hotel friends Mittelrhein in Bendorf bei Koblenz.
13. Kompetenz- und Talentmanagement in deutschen Unternehmen. Eine Studie der Deutschen Universität für Weiterbildung (DUW). 2011.
14. Horvatic, M.. 2014. Der Beitrag moderner Meetingformate zur Förderung von Mitarbeitern in Unternehmen. Bachelor-Thesis an der BEST-Sabel-Hochschule, Berlin (unveröffentlicht).

Weiterführende Literatur

15. Berner, W. 2012. *Culture Change. Unternehmenskultur als Wettbewerbsvorteil Reihe: Systemisches Management*. Schäffer-Peschel Verlag.
16. Bewerberbefragung der Bundesagentur für Arbeit (BA) und des Bundesinstituts für Berufsbildung (BIBB): BA/BIBB-Bewerberbefragung. 2014.
17. Friedrich, M. 2013. Jugendliche in Ausbildung: Berufswünsche und weitere Pläne. *„Berufsbildung in Wissenschaft und Praxis – BWP", BIBB-Fachzeitschrift* (4).
18. Gardini, M. 2009. *Marketing-Management in der Hotellerie, 2., vollständig überarbeitete und erweiterte Auflage*. Oldenburg .
19. Hall, A., A. Siefer, und M. Tiemann. 2014. *BIBB/BAuA-Erwerbstätigenbefragung 2012 – Arbeit und Beruf im Wandel. Erwerb und Verwertung beruflicher Qualifikationen. suf_3.0; Forschungsdatenzentrum im BIBB (Hrsg.), GESIS Köln (Datenzugang)*. Bonn: Bundesinstitut für Berufsbildung.
20. Owen, H. 2011. *Open Space Technology – Ein Leitfaden für die Praxis*. 2. Aufl. Stuttgart: Schäffer-Poeschel.
21. Personalmagazin 5/2015, Haufe-Lexware GmbH & Co. KG.
22. Rammstedt, B., Hrsg. 2012. *Grundlegende Kompetenzen Erwachsener im internationalen Vergleich: Ergebnisse von PIAAC 2012*. Münster: Waxmann.
23. Weinrich, K. 2014. Nachhaltigkeit im Employer Branding. Eine verhaltenstheoretische Analyse und Implikationen für die Markenführung. In *Innovatives Markenmanagement*, Hrsg. C. Burhmann, und M. Kirchgeorg, Wiesbaden: Springer Gabler.

Prof. Dr. Ute Solf ist Diplomwirtschaftlerin (Dipl.oec.) und promovierte 1984 an der Humboldt-Universität zu Berlin zum „doctor oeconomiae". Sie arbeitet seit 2010 an der BEST-Sabel-Bildungszentrum GmbH als Dozentin im Hochschul- und Berufsausbildungsbereich für betriebswirtschaftliche Ausbildungsberufe. Im Rahmen der Professur für Hotelmanagement und Business Travel Management an der BEST-Sabel-Bildungszentrum GmbH sowie durch die mehrjährige Praxiserfahrung in der Führung eines Kongresshotels sind Themen der Fachkräftegewinnung, der Aus- und Weiterbildung und Führung von Mitarbeitern zum Thema der eigenen Lehrforschungsarbeit und der Anwendung neuer Ausbildungs- und Weiterbildungsformate geworden.

Der Beitrag moderner Meeting Formate zur Förderung von Mitarbeitern in Unternehmen

5

Martina Horvatic

Zusammenfassung

Jeder fünfte Beschäftigte in Deutschland war 2011 unzufrieden mit seinem Arbeitsplatz. Grund dafür ist eine Über- oder Unterforderung durch die zu leistende Arbeit. Gerade die Unterforderung, die auf zu anspruchslose Aufgaben, eine geringe Verantwortung sowie zu wenig Abwechslung im Job zurückzuführen ist, sollte deutsche Unternehmen aufschrecken. Denn ein Großteil dieser Mitarbeiter reagiert darauf mit einem Arbeitgeberwechsel (DUW Presse-Service, 2011, http://www.duwberlin.de/fileadmin/user_upload/content/downloads/DUW-Talentmanagement-Studie_Screen.pdf, S. 3). Gerade in Zeiten des demografischen Wandels und dem damit einhergehenden „War of Talents" (Anmerkung: zu deutsch: „Krieg um Fachkräfte".), müssen deutsche Unternehmen noch effizienter mit der ihnen zur Verfügung stehenden Arbeitskraft der Mitarbeiter umgehen (Haufe-Lexware GmbH & Co. KG, 2011, http://suite.haufe.de/fileadmin/user_upload/Suite-Whitepaper/Haufe-Whitepaper-Demographischer-Wandel-Alternde-Gesellschaft.pdf, S. 3). Um weiterhin wettbewerbsfähig zu bleiben, gilt es, das Leistungsverhalten und die Kompetenzen von Mitarbeitern zu fördern (DUW Presse-Service, 2011, http://www.duwberlin.de/fileadmin/user_upload/content/downloads/DUW-Talentmanagement-Studie_Screen.pdf, S. 3) Moderne Meeting Formate wie das World Café, Open Space, die Zukunftskonferenz und die Fishbowl Methode bieten neue Möglichkeiten, im Rahmen von Corporate Events die Zufriedenheit am Arbeitsplatz zu steigern.

M. Horvatic (✉)
Diaz & Hilterscheid Unternehmensberatung GmbH, Berlin, Deutschland
E-Mail: martinaaa_horvatic@hotmail.de

T. Knoll (Hrsg.), *Neue Konzepte für einprägsame Events*,
DOI 10.1007/978-3-658-10155-8_5

5.1 Einleitung[1]

In der heutigen Wissens- und Dienstleistungsgesellschaft sind die Bedürfnisse von Mitarbeitern einem Wandel ausgesetzt. Besonders junge Talente haben andere Ansprüche an ihren künftigen Arbeitgeber als zuvor [1]. Bei der Wahl des Arbeitsplatzes galt früher i. d. R eine gute Vergütung als Hauptkriterium [3], heute tritt dagegen der Anspruch nach Herausforderungen und Selbstverwirklichung durch die Arbeit vermehrt in den Vordergrund. Mitarbeitern ist es wichtig, dass ihre Fähigkeiten und Kompetenzen durch das Unternehmen gefördert werden. Arbeitgeber, die dies nicht gewährleisten, verlieren an Attraktivität und sind so im Hinblick auf den Kampf um Fachkräfte weniger wettbewerbsfähig ([1], S. 3).

Teamfähigkeit und die Fähigkeit zur Selbstorganisation sind auf der anderen Seite einige der Kompetenzen, die den Fachkräften von morgen immer stärker abverlangt werden ([1], S. 3 f). Doch insbesondere der Aufbau der Fähigkeit zur Selbstorganisation erfordert, dass Mitarbeitern Raum zur Entfaltung ihrer Kreativität, Ideen und Handlungen zur Verfügung steht ([1], S. 3–10). Dafür erscheinen Veranstaltungen als *„[...] ein wichtiges Instrument zur Information, Motivation und Begeisterung sowie zur Handlungssteuerung von [...] Mitarbeitern“* ([4], S. 16) als geeignet. Jedoch können diese Eigenschaften nicht für alle Veranstaltungsformate verallgemeinert werden, da nicht bei jedem ein Dialog zwischen den Teilnehmern stattfindet. Anderes ist bei Modernen Meeting Formaten erfüllen hingegen die Voraussetzungen. Sie stellen einen bedeutsamen Trend in der Tagungs- und Kongressbranche darstellen und werden traditionelle Formen von Meetings künftig zunehmend ergänzen ([5], S. 76). Eine verstärkte „Partizipation“ und „Interaktion“ der Teilnehmer ist Basis dieser Formate. Die Beteiligten organisieren sich selbst, bringen sich und ihre Ideen aktiv in die Gruppe ein und arbeiten zusammen auf ein gemeinsames Ziel hin ([6], S. 8–9, [7], S. 8).

Aus Unternehmenssicht dürften sich hinsichtlich der Wirtschaftlichkeit solcher Meeting Formate zentrale Fragen ergeben: inwiefern eignen sie sich dazu, den Aufbau und die Vertiefung wichtiger beruflicher Kompetenzen zu unterstützen und die Leistungsbereitschaft zu steigern. Um dies zu klären, werden vier partizipative Meeting Formate vorgestellt. Ausgewählt wurden hierbei das Open Space, das World Café, die Fishbowl Methode sowie die Zukunftskonferenz. Auf die Möglichkeiten der Wissensvermittlung durch die Formate wird nicht näher eingegangen, da sich dazu auch klassische Meeting Formate hervorragend eignen ([6], S. 8–9, [7], S. 8).

[1] Anmerkung: Bei dem vorliegenden Beitrag handelt es sich um einen überarbeiteten Auszug aus meiner gleichnamigen Bachelorthesis.

5.2 Merkmale und Bedeutung moderner Meeting Formate

> „[...] ‚Mitarbeiterinnen und Mitarbeiter müssen das Gefühl haben, eigene Impulse in die Arbeit einbringen und selbst etwas gestalten zu können", sagt Stephan Limpächer, Leiter Qualifizierungsmanagement der R&D Technik-Akademie der Daimler AG., „Wer erlebt, dass eigene Ideen realisiert werden, identifiziert sich stärker mit seiner Arbeit und hat mehr Freude daran.'[...]" ([1], S. 5)

Diese Aussage greift die Grundvoraussetzungen zur Förderung der Schlüsselkompetenzen von Mitarbeitern auf. Zudem verdeutlicht die Aussage die Dringlichkeit der Bereitstellung eines „offenen" Raumes für Initiative, Kreativität und Selbstständigkeit der Mitarbeiter eines Unternehmens. Einen geeigneten Rahmen und Raum dafür stellen moderne Meeting Formate dar. Diese legen den Fokus auf die Interaktion, den Austausch in einer Gruppe mit unterschiedlichen Ansichten [8] sowie die Partizipation, das Mitwirken der Teilnehmer einer Veranstaltung ([9], S. 36). In diesen Formaten liegt die Zukunft ([6], S. 8). Sowohl aus Sicht der Anbieter, als auch der Nachfrager. So sieht die deutsche Tagungs- und Kongressbranche inzwischen einen deutlichen Trend zu Veranstaltungsformaten, die verstärkt auf die Interaktivität der Teilnehmer setzen [10]. Gleichzeitig erwarten die Veranstaltungsteilnehmer, in Meetings aktiv mitzuwirken und sich gemeinsam auszutauschen, statt sich von einem Referenten belehren zu lassen [11]. So gewinnen moderne, interaktive Formate bei den Teilnehmern zunehmend an Bedeutung. Bspw. gab mehr als ein Drittel der Teilnehmer des diesjährigen MEXON-Kongresses an, unter einer innovativen Veranstaltung mehr Partizipation zu verstehen. Circa 28 % der Befragten assoziieren mit der Bezeichnung „innovative Veranstaltung" Meeting Formate wie das Open Space oder die Fishbowl Methode, die hier noch genauer dargestellt werden ([9], S. 36).

Doch nicht immer stoßen partizipative Meeting Formate auf die Bereitschaft der Teilnehmer [12]. Daher wird im Folgenden zunächst herausgearbeitet, welche elementaren Aspekte bei der Vorbereitung partizipativer Meeting Formate zu beachten sind, damit sowohl das Gelingen der Veranstaltung, als auch die Zufriedenheit der Teilnehmer sichergestellt werden können.

5.3 Didaktische Aufbereitung

Der MEXCON-Kongress 2014 in Berlin lässt sich hinsichtlich der Teilnehmerpartizipation als Negativbeispiel deuten. Die Teilnehmer machten den Eindruck, als besuchten sie die Veranstaltung nur aus Pflicht, statt aus Interesse und Vorfreude auf das, was sie dort erwartet ([13], S. 10 f.). Obwohl das Leitmotto des ersten

Kongresstages viel Interaktion versprach [12], war dort wenig Raum für das Erarbeiten neuer Ideen und Inhalte sowie den intensiven Austausch untereinander gegeben. Stattdessen durften sich die Teilnehmer von den zahlreichen Rednern belehren lassen. Das Format passte nicht zum Thema und zu der Zielsetzung des ersten Kongresstages. Die Teilnehmer waren von dem Inhalt der Veranstaltung folglich nicht betroffen und distanzierten sich ([13], S. 10 f.).

Dieses Beispiel verdeutlicht, von welcher elementaren Bedeutung die Aufbereitung eines Meetings unter Berücksichtigung didaktischer Aspekte ist. Die didaktische Aufbereitung ist als eine Kombination geeigneter Maßnahmen und Methoden zu verstehen. Dies ermöglicht den Teilnehmern eines Meetings, das Ziel der Veranstaltung, wie z. B. das Erarbeiten von neuen Handlungsstrategien für ein Unternehmen, zu erreichen [14]. I. d. R ist der Veranstalter, in diesem Kontext ein Unternehmen, während der Organisationsphase für diesen Aufgabenbereich zuständig [14]. Jedoch nehme ich von dieser Auffassung Abstand. Bezogen auf die Förderung der Leistungsbereitschaft von Mitarbeitern und ihrer Handlungskompetenzen erscheint die Einbeziehung der Mitarbeiter in einige Eckpunkte der didaktischen Aufarbeitung eines Meetings mit partizipativen Charakter als sinnvoll. Sollte ein Unternehmen noch keine Erfahrungen mit der Umsetzung partizipativer Meeting Formate haben, ist die professionelle Beratung und frühzeitige Einbeziehung eines externen Experten von großer Bedeutung [15].

Für den Erfolg eines partizipativen Meetings sowie die Bereitschaft der Teilnehmer, sich an der Erarbeitung neuer Ideen mit zu beteiligten, sind besonders fünf Eckpunkte zu berücksichtigen, die im Folgenden näher betrachtet werden.

Die Themenwahl und Zielsetzung

Das Thema eines Meetings hat möglichst mit den Interessen der Mitarbeiter als Zielgruppe der Veranstaltung übereinzustimmen. Nur so wird eine Basis für die Bereitschaft der Teilnehmer und deren freiwillige Mitarbeit an dem Thema geschaffen. Unternehmen als Veranstalter sollten die Thematik des Meetings nicht vorgeben. Getreu dem Aspekt „Partizipation“ ist es sinnvoller, die Mitarbeiter selbst das Kernthema der Veranstaltung vorschlagen zu lassen ([7], S. 26). Einzelne Interessenvertreter dieser Gruppe könnten bspw. ein Vorbereitungsgremium bilden, welches sich vorab mit einem externen Experten trifft und sich von diesem professionell beraten lässt. Indem die Mitarbeiter bereits vor der Teilnahme an einem Meeting mit partizipativer Methodik aktiv in die Vorbereitungsphase miteingebunden werden, wissen sie, was sie während einer solchen Veranstaltung erwartet. Zugleich können sie sich auf diese Weise besser mit dem Thema identifizieren [16]. So wird einer falschen Erwartungshaltung der Teilnehmer vorgebeugt ([17], S. 16 ff.) und zudem bewirkt, dass jene Mitarbeiter, denen das Thema wichtig ist und die bereit sind, gemeinsam aktiv zielorientiert mitzuarbeiten, anwesend sind [18].

Neben einem ansprechenden, zur Handlung animierenden Thema müssen die Teilnehmer auch über das Ziel der Veranstaltung informiert werden. Unternehmen haben es daher möglichst präzise zu formulieren ([17], S. 16 ff.) und sicherzustellen, dass dieses transparent und erreichbar ist. Wenn die Zusammenkunft z. B. darauf abzielt, neue Ideen für die Optimierung eines betrieblichen Prozesses zu sammeln, ist es wichtig, dass die erarbeiteten Ideen von Unternehmen auch ernst genommen werden. Auch müssen Unternehmen den Mitarbeitern die Möglichkeit geben, an den Aufgaben weiterzuarbeiten. Dies kann bspw. im Rahmen von „Follow-Ups", weiterführenden Meetings zum Thema, erfolgen, da Mitarbeiter sonst mit einer falschen Erwartung an das partizipative Meeting herangehen, aktiv mitwirken, um am Ende enttäuscht zu werden. Für die Zufriedenheit mit dem Unternehmen als Arbeitgeber kann eine solche Situation fatale Folgen mit sich bringen [15]. Bezogen auf den Beitrag moderner Meeting Formate zur Mitarbeiterförderung ist hervorzuheben, dass das Ziel einer Veranstaltung, wie u. a. das Entwickeln von Ideen oder das Arbeiten an einer gemeinsamen Zukunftsstrategie, stets die Hauptaufgabe einer Veranstaltung darstellt ([14], S. 63 f.). In diesem Sinne können das Fördern der Leistungsmotivation der Mitarbeiter sowie ihrer Schlüsselkompetenzen aber als wichtige Nebenziele betrachtet werden ([14], S. 63 f.).

Die Erreichung des Hauptziels als quantitativer Aspekt lässt sich gut anhand der Anzahl innovativer Ideen, der Dokumentation von Ergebnissen und der Feststellung, ob neue Lösungsansätze o.Ä. entwickelt wurden oder nicht ermessen. Qualitative Ziele, wie z. B. eine veränderte Kommunikationskultur des Unternehmens, die Wirkung eines partizipativen Formates auf die Leistungsbereitschaft der Teilnehmer im Arbeitsalltag o.Ä. sind dagegen schwer quantitativ messbar ([19], S. 7). Das Einholen eines Feedbacks der Teilnehmer nach der Veranstaltung könnte allerdings eine Auskunft über die Zufriedenheit der Mitarbeiter mit der Veranstaltung und dem Meeting Format liefern. Unternehmen sollten Anregungen für Verbesserungsvorschläge der Mitarbeiter gutheißen [15]. Denn die Umsetzung partizipativer Formates stellt eine betriebliche Anreizmaßnahme zur Förderung der Leistungsbereitschaft und der Identifikation von Mitarbeitern dar.

Ein kooperativer Führungsstil ist in diesem Zusammenhang wichtige Voraussetzung. Dieser spiegelt sich in der Kommunikationsweise auf der Firmenveranstaltung wider, darin, ob Anweisungen von oben erteilt werden (Top-Down) oder ob die Mitarbeiter aller Ebenen einen gleichberechtigten Dialog führen können. Bei der Teilnahme an einem modernen, partizipativen Meeting Format werden im Idealfall jegliche Hierarchien durchbrochen und der Betriebsleiter arbeitet gemeinsam mit dem neuen Praktikanten an der Zukunftsstrategie des Unternehmens ([7], S. 27).

Die Auswahl des Formates, des Umfelds und des Moderators
Das Thema sowie die Zielsetzung der Veranstaltung bilden gemeinsam das Fundament für Entscheidungen weiterer didaktischer Aspekte eines Meetings ([14], S. 50). Die Entscheidung für ein bestimmtes Meeting Format ist als ein geeigneter Weg zur Erreichung des Zieles zu verstehen ([14], S. 45). Es empfiehlt sich für Unternehmen, die noch keine Erfahrung mit der Umsetzung moderner, partizipativer Meeting Formate haben, sich eine professionelle, externe Beratung einzuholen. Die externen Berater verfügen über wichtige Erfahrungen zur Anwendbarkeit und Wirkung solcher Methoden [15].

Auch das Umfeld, wie z. B. die Wahl einer passenden Location und Räumlichkeiten, spielt eine wichtige Rolle ([14], S. 58). Damit eine positive, angenehme Arbeitsatmosphäre entstehen kann, müssen sich die Teilnehmer vor Ort wohlfühlen [12]. Dies ist vor allem deshalb wichtig, weil sich viele von ihnen in einer neuen, ungewohnten Situation befinden. Bspw. sind es einige Mitarbeiter aus dem Arbeitsalltag nicht gewohnt, so viel Verantwortung und Kontrolle übertragen zu bekommen wie es insbesondere bei einem Open Space der Fall ist ([19], S. 19). Vor allem wenn die Teilnehmer neue Ideen entwickeln sollen und deren Kreativität stark gefragt ist, kann eine Räumlichkeit stark zum Gelingen oder Misslingen eines Meetings beitragen. Eine offene, helle Location, die genügend Raum für Bewegung und schöpferisches Denken zulässt, eignet sich ausgezeichnet für kreatives Arbeiten ([14], S. 58).

Auch die Fähigkeit des Moderators bzw. Begleiters hat einen wesentlichen Einfluss auf den Erfolg eines partizipativen Meeting Formates. Grundsätzlich ist festzustellen, dass der Moderator über keine fachlichen Kenntnisse zum Inhalt der Veranstaltung verfügen muss. Seine Aufgabe besteht vielmehr darin, der Veranstaltung einen zeitlichen und räumlichen Rahmen zu verschaffen und den Teilnehmern nützliche Materialien zur Verfügung zu stellen. Der Moderator unterstützt die Teilnehmer somit beim Bearbeiten der Themen. Insbesondere der Begleiter eines Open Space hat „unsichtbar" und gleichzeitig präsent zu sein ([20], S. 62–65). So hat er eher eine unterstützende Funktion inne, denn die Teilnehmer sollen bewusst der Mittelpunkt der Veranstaltung sein ([20], S. 58 ff.).

5.4 Die Hauptvertreter moderner, partizipativer Meeting Formate

Im Folgenden werden vier moderne Meeting Formate vorgestellt, die in der Praxis häufig angewandt werden ([6], S. 8). Dazu zählen drei Großgruppenverfahren: das World Café, die Zukunftskonferenz und das Open Space, sowie die Fishbowl

Methode, eine Form der partizipativen Zusammenkunft mit geringerer Teilnehmerzahl.

Das World Café

Die Methode des World Cafés wurde 1995 von Juanita Brown und David Isaacs in Mill Valley, Kalifornien entwickelt ([21], S. 4). Die Teilnehmerzahl sollte mindestens 20 betragen, kann aber auch über 1000 Personen umfassen. Eine idealerweise heterogene Teilnehmergruppe kommt dabei über ein Leitthema jn ungezwungener Atmosphäre zum Austausch.

Beim World Café sitzen die Teilnehmer an mehreren Tischen, die mit einer beschreibbaren Tischdecke sowie Schreibutensilien ausgestattet sind ([21], S. 54). An jedem der Tische befindet sich je ein Gastgeber sowie eine der verschiedenen Fragen zum Leitthema. Bis auf die einzelnen Gastgeber rotieren alle Teilnehmer nach einer vorher festgelegten Zeit von Tisch zu Tisch. Ein jeder Gastgeber hat die Aufgabe, die neu zusammengestellte Gruppe zu begrüßen und ihr sowohl die Fragestellung des Tisches, als auch die bisher gesammelten Ideen und Anmerkungen aus der vorherigen Gruppenrunde vorzustellen. Zudem informiert er meist am Ende des Meetings alle Teilnehmer über die wichtigsten Ergebnisse und Ideen zu dem Thema seines Tisches ([11], S. 22).

Der Fokus des Formates besteht darin, dass Führen von offenen Gesprächen untereinander zu fördern. Die Teilnehmer haben die Möglichkeit, sich untereinander zu den verschiedenen Leitthemen auszutauschen und so Ideen zu entwickeln. Dies wird durch eine angenehme Atmosphäre nach dem Prinzip einer ungezwungenen Caférunde ermöglicht. Daher kennzeichnet den Austausch ein hohes Maß an Offenheit ([11], S. 23). Da das World Café einer sogenannten „Café Etikette" folgt ([21], S. 10), ist das Format – trotz der offenen, ungezwungenen Atmosphäre- relativ stark strukturiert [22]. Bei dieser Etikette handelt es sich um Grundsätze zur erfolgreichen gemeinsamen Kommunikation und Arbeit miteinander. Diese befinden sich i.d. R in schriftlicher Form auf den einzelnen Tischen. Dadurch haben die Teilnehmer sie stets vor Augen und können der Diskussionsrunde am Tisch ihre volle Aufmerksamkeit widmen ([21], S. 10). Die wichtigsten Punkte der Etikette besagen, dass die Teilnehmer stets den Fokus auf das Thema oder die jeweilige Fragestellung richten sollen. Sie sollen zwar ihre eigenen Ansichten beitragen, gleichzeitig aber auch die Meinung der anderen Teilnehmer akzeptieren. Auf diese Weise wird ein Fundament für das Verknüpfen unterschiedlicher Ideen geschaffen. Zudem werden die Teilnehmer dazu animiert, ihre Ideen und Anmerkungen durch das Bemalen oder Beschreiben der Papiertischdecken festzuhalten ([23], S. 3). Die beschrifteten Papiertischdecken können im Anschluss bspw. in einer Vernissage als Visualisierung der entwickelten Ideen und Ergebnisse dienen

([21], S. 22). Engagierte Beteiligte des Meetings können sich im Anschluss an das World Café zusammensetzen und gemeinsam die Ergebnisse, die während des World Cafés entstanden sind, auswerten. Ferner erarbeiten sie Handlungspläne für die praktische Umsetzung der gesammelten Ideen ([24], S. 47).

Das World Café hat einen Moderator, der sich im Voraus um organisatorische Aspekte, wie bspw. das Bereitstellen der Materialien an den Tischen kümmert. Zudem unterstützt er das Planungskomitee des Unternehmens bei der Formulierung der Fragen ([25], S. 56). Das Planungskomitee sollte möglichst aus heterogenen Vertretern der geplanten Teilnehmergruppe bestehen, aus Personen unterschiedlicher Interessen, Hierarchiestufen o. Ä ([24], S. 41 f.). Dadurch kann die Bereitschaft der Mitarbeiter, an einem solchen partizipativen Meeting Format teilzunehmen, erheblich gesteigert werden. So wissen sie, dass Vertreter ihrer Interessengruppe unmittelbar an der Planung des Meetings beteiligt waren und dass es sich dabei um kein fertiges Produkt der Führungsebene oder einer externen Organisationsfirma handelt [22]. Zu Beginn des Meetings begrüßt der Moderator die Teilnehmer, führt sie grob in das Leitthema ein und klärt sie über die Regeln des World Cafés auf ([26], S. 14).

Die Dauer eines World Cafés kann zwei Stunden bis zwei Tage betragen. Unternehmen müssen daran interessiert sein, eine möglichst heterogene Teilnehmergruppe, die über unterschiedliche Erfahrungen, Wissen, Hierarchie- oder Bildungsstufen verfügt, ein bestimmtes Thema aus verschiedenen Perspektiven beleuchten und diskutieren zu lassen. Ferner ermöglicht das Format, durch das Nutzen kollektiven Wissens neue Ideen oder gar Handlungsoptionen zu generieren ([25], S. 54). Es ist von immenser Bedeutung, dass das Ziel allen Beteiligten bekannt ist und dass das Leitthema Neugier und den Willen zur gemeinsamen Diskussion in der Gruppe weckt ([24], S. 41). Des Weiteren müssen die Fragen zum Leitthema offen sein und möglichst Raum für verschiedene Sichtweisen und die Bildung von Hypothesen zulassen ([24], S. 44) sowie idealerweise aufeinander aufbauen ([21], S. 9).

Als ein äußerst positiver Aspekt des World Café ist hervorzuheben, dass wegen der informellen Gespräche und klein gehaltenen Tischrunden von höchsten vier bis fünf Personen auch zurückhaltende Mitarbeiter den Mut haben, einen Beitrag zu leisten ([25], S. 55). Zudem fördert das Format die interne Kommunikation, das stärkere Verständnis und Vertrauen zueinander ([24], S. 47). Aufgrund der ungezwungenen Atmosphäre und der Offenheit der Ergebnisse wird den Mitarbeitern zudem ein Freiraum für die Entfaltung ihrer Kreativität geschaffen ([25], S. 55). Die Kreativität und Diskussionsintensität der Teilnehmer kann verstärkt werden, indem, zusätzlich zu den Sitztischen, auch Stehtische genutzt werden. Durch das Arbeiten und Diskutieren im Stehen wird eine höhere Dynamik als im Sitzen erzeugt ([21], S. 9). Es ist ebenso von großer Relevanz, dass Unternehmen und besonders die Führungskräfte sich im Voraus darüber im Klaren sind, dass sie den Mitarbeitern ein gewisses Maß an Kontrolle übertragen. Sie müssen sich daher vorher intensiv damit auseinandersetzen, inwieweit sie mit dieser neuen Verteilung von Kontrolle und Verantwortung und den möglichen Konsequenzen für den zukünftigen Arbeitsalltag zurechtkommen. Zudem müssen sie hinterfragen, ob sie ein tatsächliches Interesse daran besitzen, dass die Mitarbeiter ihre Ideen auch nach der Veranstaltung weiterverfolgen und verwirklichen können ([26], S. 13).

Die Zukunftskonferenz

Die Zukunftskonferenz, auch Future Search genannt, stellt eine Planungsmethode dar, die sich für Großgruppen mit idealerweise 64 bis 80 Personen eignet ([27], S. 1). Innerhalb der meist dreitägigen Veranstaltung kommt im Idealfall eine heterogene Gruppe zusammen, darunter die unmittelbar Betroffenen ([27], S. 3). Das Verfahren wurde in den 80er Jahren von Marvin Weisbord und Sandra Janoff in den USA entwickelt ([27], S. 1) und beruht auf dem Prinzip der Gleichberechtigung aller Teilnehmer sowie der Selbststeuerung von Arbeitsgruppen ([14], S. 74).

Der Prozess dieses Meeting Formates besteht aus fünf Phasen. Während der ersten Phase blicken die Teilnehmer auf die gemeinsame Vergangenheit zurück und tauschen sich diesbezüglich aus. Während dieser Phase entdeckt die heterogene Teilnehmergruppe Gemeinsamkeiten, so dass die Teilnehmer ein gegenseitiges Verständnis und Vertrauen zueinander aufbauen. Dies wiederum stellt eine essentielle Basis für den restlichen Verlauf der Zukunftskonferenz dar. Daraufhin erfolgt eine Auseinandersetzung mit der gemeinsamen Gegenwart. Wichtige Vertreter schätzen die aktuelle Lage ihres Unternehmens, der Organisation oder Abteilung ein und betrachten im nächsten Schritt, welche Herausforderungen ihnen künftig bevorstehen. Kleingruppen mit idealerweise je acht Personen, erarbeiten in der dritten Phase gemeinsame Visionen [22]. Während dieses Prozessschrittes der Zukunftskonferenz teilen sich die einzelnen Kleingruppen ihre Arbeit selber ein und bestimmen die Rollenaufteilung innerhalb der Gruppe. Dazu zählt z. B. die Rolle eines Gesprächsleiters, Aufzeichners, Berichterstatters für das Plenum sowie einer Person, die sich um die Einhaltung der Zeit während der Kleingruppenarbeit kümmert. Somit organisieren sich die Teilnehmer während dieser Phase selbst ([27], S. 6). In der darauffolgenden Phase treffen sich alle Teilnehmer im Plenum, stellen einander ihre erarbeiteten Visionen für das Unternehmen vor und werten diese hinsichtlich gemeinsamer Aspekte und Ziele aus. Die Zukunftskonferenz schließt mit der letzten Phase ab, in der die Teilnehmer erste Handlungsmaßnahmen zur Umsetzung der gemeinsamen Ziele des Unternehmens, der Organisation oder Abteilung planen [22]. Zwar beinhaltet dieses Format auch die Anwesenheit eines Begleiters bzw. Moderators, dieser hat aber, ähnlich wie bei einem Open Space, nur eine unterstützende Rolle inne. Anstatt sich in die Arbeitsweise und Ideenfindung der einzelnen Kleingruppen einzumischen, kümmert er sich daher nur um den zeitlichen Ablauf der Veranstaltung und begleitet die Diskussionen im Plenum. Außerdem gibt er acht, dass alle Teilnehmer stets das Ziel und das Thema der Zusammenkunft im Auge behalten ([27], S. 7 f.).

Die Wahrscheinlichkeit, dass auf die gemeinsam geplanten Handlungsmaßnahmen bereitwillig Taten folgen, wird von Praxisexperten als sehr hoch eingeschätzt. Denn obwohl die Teilnehmergruppe heterogen ist, schaffen die Teilnehmer es mit einer strukturierten Abfolge an Phasen, sich in den jeweiligen Arbeitsgruppen selbst zu organisieren. Sie sehen Unterschiede nicht mehr als Hindernis, sondern als eine Bereicherung zur Generierung von Ideen an. Das Produkt der Zukunftskonferenz stellt eine gemeinsame Vorstellung der Zukunft und gemeinsamer Umsetzungsmaßnahmen dar. Diese wurden von allen zusammen erarbeitet und werden deshalb häufig von allen Teilnehmern gleichermaßen getragen. In der Praxis hat es sich zudem bewährt, dass ein Nachtreffen der Veranstaltung stattfindet. Dieses dient der Reflexion über die Eindrücke sowie der Information über den aktuellen Umsetzungsstand. Das Treffen kann aber auch stattfinden, um weitere Maßnahmen von gemeinsamen Projekten zu planen ([27], S. 7).

In erster Linie dient die Zukunftskonferenz der Erarbeitung von Handlungsmaßnahmen für ein konkretes, gemeinsames Vorhaben oder Projekt. Für die strategische Maßnahmenplanung von Unternehmen ist sie dagegen weniger geeignet [22]. Unternehmen haben zu beachten, dass die Teilnehmergruppe aus möglichst unterschiedlichen Interessengruppen besteht. Bei der Zusammensetzung der Teilnehmergruppe kann es sich bspw. um Vorstandsmitglieder, Führungskräfte, Mitarbeiter, Lieferanten und Kunden handeln. Dies verdeutlicht die Dringlichkeit, dass nicht nur die Knowhow-Träger und Entscheidungsbefugten eines gemeinsamen Projekts anwesend sind, sondern auch diejenigen Personen, die diese Maßnahmen umsetzen und jene, die unmittelbar von der Umsetzung betroffen sind ([27], S. 3). Dies ebenso wie die frühzeitige Einbeziehung in die Planungen ist eine wichtige Grundlage zur bereitwilligen Umsetzung der Maßnahmen, die von allen Beteiligten gleichermaßen getragen werden [8].

Open Space

Die Open Space Technology wurde Anfang der 80er Jahre von dem Amerikaner Harrison Owen entwickelt ([20], S. 3). Dieses „offene“ und bekannteste partizipative Meeting Format wird häufig in Form von Großgruppenveranstaltungen angewandt ([6], S. 8) und zeichnet sich durch seine Simplizität aus ([20], S. XV.). Nur das Leitthema der Veranstaltung ist bekannt. Idealerweise sollte dieses von einer Vorbereitungsgruppe aus Interessenvertretern der Teilnehmer vorgeschlagen

Tab. 5.1 Verlauf eines dreitägigen Open Space Meetings

Erster Tag	Zweiter Tag	Dritter Tag
	Morgenrunde im Plenum	Ergebnisreflexion im Plenum
Eröffnung durch den Open Space- Begleiter	Selbstorganisiertes Arbeiten an den Workshops	Handlungsplanung
Entwicklung der Agenda durch die Teilnehmer	–	Feedbackrunde der Teilnehmer
Selbstorganisiertes Arbeiten an den Workshops	–	–
Abendrunde im Plenum	Abendrunde im Plenum	–

werden [16]. Das Format verfügt dagegen weder über eine vorgefertigte Agenda, noch über einzelne Unterthemen, definierte Arbeitsgruppen oder Referenten. Die Besonderheit des Formates besteht darin, dass die Teilnehmer die Tagesordnung und Themen, Ideen und Lösungsansätze vor Ort gemeinsam erarbeiten ([14], S. 73), statt diese „Top-Down“ von der Führungsebene erteilt zu bekommen ([7], S. 27). Die Folge ist, dass sie sich besser mit den Themen und Aufgaben identifizieren können [8]. Somit ist das Format auf die Initiative und Selbstorganisation der Teilnehmer ausgerichtet ([11], S. 23).

Die Tab. 5.1 verdeutlicht den grundsätzlichen Verlauf eines dreitägigen Open Space Meetings:

Ablaufstruktur eines dreitägigen Open Space Meetings

Nach einer Willkommensrunde im Stuhlkreis, bei der ein Begleiter die Teilnehmer über die wichtigsten Prinzipien von Open Space aufklärt, ergreifen die Teilnehmer selbst die Initiative. Sie haben die Möglichkeit, eigene Themen vorzuschlagen, die sie interessieren und die sie gewillt sind zu bearbeiten. Neben der Initiative fordert dies auch sehr viel Verantwortungs- und Selbstbewusstsein sowie Engagement. Der Initiator eines Themas ist meist zugleich der Moderator eines Workshops. Zudem fasst er häufig für alle Beteiligten die wichtigsten Ergebnisse seines initiierten Workshops zusammen [28]. Die Teilnehmer entwickeln die Agenda des Meetings, indem sie die einzelnen Themen an eine „Anliegenwand“ hängen. Dieser symbolische Marktplatz des Open Space ermöglicht es den Teilnehmern, untereinander Zeit und Raum der einzelnen Arbeitsgruppen zu verhandeln [16]. So ist die Vielfalt an unterschiedlichen Themen groß. Ferner ist es nach dem sogenannten „Gesetz der zwei Füße“ sogar wünschenswert, dass die Teilnehmer sich von ihrem Interesse leiten lassen. Demnach entscheiden sie für sich selbst, an welchen der zeitlich parallel stattfindenden Workshops sie für wie lange mitarbeiten. Hieraus resultieren zwei unterschiedliche Arten von Teilnehmern. Metaphorisch gesehen ist bei einem Open Space dabei von sogenannten „Hummeln“ und „Schmetterlingen“ die Rede. Die „Hummeln“ kennzeichnet, dass sie die Workshops oft wechseln und so ihre nächste Arbeitsgruppe mit ihren gewonnenen Erkenntnissen, Ideen und eigenen Ansichten „befruchten“. Die Schmetterlinge hingegen stellen jene Teilnehmer dar, die sich aus den Arbeitsgruppen zunehmend distanzieren und stattdessen ihre Zeit in Pausen und den themenunspezifischen Austausch mit anderen Teilnehmern investieren. Allerdings tragen diese Teilnehmer oft zu hervorragenden Ideen bei. Dies geschieht, indem sie mit den anderen Beteiligten über Querschnittsthemen diskutieren und dadurch neue Denkanstöße fördern. Daher sind diese Teilnehmer keinesfalls als unproduktiv zu bewerten ([27], S. 6 f.). Innerhalb der einzelnen Workshop-Gruppen werden die Themen intensiv bearbeitet und die Ideen und Ergebnisse am Ende eines jeden Tages im Plenum vorgestellt. Auf diese Weise können alle an den gewonnen Erkenntnissen und Ideen teilhaben ([14], S. 72 f.). Am letzten Tag eines Open Space tragen im Regelfall die Initiatoren der einzelnen Workshops die wichtigsten Ergebnisse in Form von Handouts zusammen. Diese werden allen Teilnehmern zur Verfügung gestellt [28].

Je nach Zweck der Veranstaltung beträgt die Dauer des Treffens einen bis drei Tage, wobei zweieinhalb Tage laut Praxisexperten als ideal gelten [29]. Am Ende eines gesamten Open Space findet ein finaler Ergebnis- und Reflexionsaustausch im Plenum statt. Freiwillige legen Termine für weiterführende Treffen zu den wichtigsten Ergebnissen der Workshop-Themen fest und tauschen ihre Kontaktdaten untereinander aus. Bei solchen Nachfolgetreffen können konkrete Pläne für die weitere Herangehensweise aufgestellt werden. Freiwillige Teilnehmer verfolgen dabei, sofern es ein Unternehmen zulässt, die entwickelten Ideen weiter und planen gezielte Umsetzungsmaßnahmen [30]. Das Open Space schließt mit einer gemeinsamen Feedbackrunde. Bei dieser hat jeder Teilnehmer die Chance, sowohl positive, als auch negative Kritik über das Meeting zu äußern [16].

Laut des Entwicklers, lässt sich ein Open Space sowohl mit fünf, als auch mit über 2000 Teilnehmern erfolgreich umsetzten ([20], S. 28). Daher eignet es sich sowohl für Klein- als auch Großunternehmen. Die Umsetzung des Meeting Formates hat bereits bei vielen namhaften Unternehmen, wie u. a. dem Flugzeughersteller Boeing, zu großem Erfolg geführt ([30], S. 2 f.). Die Umsetzung eines Open Space mit rund 2000 Teilnehmern ist für Unternehmen jedoch mit einem großen Risiko behaftet, denn für das Unternehmen dürfte es sich bei einer so großen Anzahl an Beteiligten als schwierig erweisen sicherzustellen, dass eine möglichst große Zahl der entworfenen Ideen später tatsächlich weiterverfolgt werden kann. Dieses Risiko haben Unternehmen bei der Auswahl der Veranstaltungsgröße unbedingt zu bedenken ([19], S. 8). Das Meeting Format eignet sich besonders zur gemeinsamen

Erarbeitung von Ideen in Gruppen, die sich durch einen hierarchieübergreifenden Dialog kennzeichnen. Durch ein Open Space können aber auch gemeinsam Lösungsansätze für bestehende Probleme des Unternehmens entworfen werden ([6], S. 8).

Das Format führt für Unternehmen und seine Mitarbeiter nur dann zu einem Mehrwert, wenn bestimmte Voraussetzungen erfüllt sind. Die Methode muss maßgeblich zum Zweck des Meetings passen. Speziell für das Leitthema der Veranstaltung gilt, dass es für alle Teilnehmer von großer Relevanz ist und Dringlichkeit, dieses zu bearbeiten. Es muss möglichst komplex und facettenreich sein und darf nicht bereits im Voraus über eine Problemlösung verfügen ([20], S. 27). Die Teilnehmergruppe sollte möglichst aus Mitarbeitern verschiedener Abteilungen oder Hierarchiestufen eines Unternehmens zusammensetzt sein. So wird sichergestellt, dass das Thema aus verschiedenen Perspektiven bearbeitet wird und sich eine Vielzahl von Akteuren des Unternehmens mit den gemeinsam erarbeiteten Ideen identifizieren kann. Nur so sind die Mitarbeiter gewillt, diese bereitwillig umzusetzen [18]. Ferner ist es von großer Bedeutung, dass die Teilnahme an einem Open Space auf einer freiwilligen Basis beruht ([20], S. 27). Dies gilt auch für das Ausmaß an Initiative und Bereitschaft der Teilnehmer, sich in die Gruppe aktiv mit einzubringen [28].

Falls die Führungsebene eines Unternehmens nicht bereit ist, ihren Mitarbeitern ein gewisses Maß an Verantwortung zu übertragen, sollte von diesem Meeting Format Abstand gehalten werden [22]. Schlimmstenfalls mischen sich autoritäre Führungskräfte in die Veranstaltung ein, versuchen den Teilnehmern ihr Raum- und Zeitverständnis aufzudrängen und das Meeting zu kontrollieren. Eine derartige Situation eskaliert schnell und richtet mehr Schaden an, als dass Unternehmen und seine Mitarbeiter weiter vorangebracht werden ([20], S. 15). Deshalb ist es auch bei diesem Meeting Format wichtig, dass Unternehmen im Voraus klären, inwieweit sie mit einem solchen Kontrollverlust zurechtkommen und wieviel Macht sie bereit sind, an ihre Belegschaft zu übertragen [18]. Denn, es gilt: *„Nur Kooperation, nicht Delegation führt zum Ziel.“* ([19], S. 6) Insbesondere Unternehmen mit einer autoritären Führungskultur dürften daher mit der Umsetzung eines Open Space Schwierigkeiten haben. Für Unternehmen, die bereits eine kooperative Führungskultur leben, eignet sich das Format hingegen hervorragend. Ferner ist es wichtig, dass Unternehmen bei ihrer Belegschaft keine falsche Erwartungshaltung erwecken. So muss den Mitarbeitern bereits vor einem Open Space transparent vermittelt werden, inwiefern die Ideen und Ergebnisse später umgesetzt werden können. Unternehmen müssen die Mitarbeiter ernst nehmen und ihnen nach dem Open Space ermöglichen, auf die gemeinsamen Pläne auch Taten folgen zu lassen ([31], S. 145).

Die Fishbowl Methode

Die Fishbowl Methode stellt eine Art der Podiumsdiskussion dar, bei der die Teilnehmer sich verstärkter einbringen können, als es klassischerweise der Fall ist [32]. Bei der Umsetzung der Methode sitzt eine kleine Gruppe mit i.d. R vier bis sechs Teilnehmern in einem Innenkreis, dem metaphorischen „Goldfisch-Glas“. Dieser diskutiert das vorher festgelegte Thema des Meetings. Um den Innenkreis herum sitzen die restlichen Teilnehmer der Veranstaltung in einem Außenkreis und fungieren als aufmerksame Zuhörer der Diskussion. Teilnehmer aus dem Außenkreis haben allerdings die Möglichkeit, ebenfalls an der Diskussion im Innenkreis teilzunehmen, indem sie sich auf den freien Stuhl des Innenkreises setzen. Sollte dieser belegt sein, so können sie die Person antippen und sie dadurch auffordern, mit ihnen die Rolle zu tauschen. Im letzteren Fall hat demnach jeder der Teilnehmer die Chance sowohl die Perspektive eines passiven Zuhörers, als auch aktiven Diskussionsteilnehmers einzunehmen [33]. Dieses schafft eine ideale Basis zur Entstehung innovativer Ideen, da die Teilnehmer dadurch eine bessere Übersicht über und Einsicht in das Diskussionsthema erhalten [34]. Die folgende Abbildung veranschaulicht, welche Rollen bei der Fishbowl Methode vertreten sind und ihre Konstellation während der Umsetzung dieses Meeting Formates (Abb. 5.1).

Sitzordnung während der Fishbowl Methode

Da diese Art des Dialogs sowohl ein vorher festgelegtes Diskussionsthema als auch einen Moderator innehat, wird ein gewisses Maß an Struktur in der Diskussionsrunde geschaffen ([6], S. 8). Zu den Regeln zählt, dass nur die Teilnehmer des Innenkreises reden dürfen, während die Personen des Außenkreises der Diskussion ruhig zu folgen haben. Die Teilnehmer müssen einander aussprechen lassen und

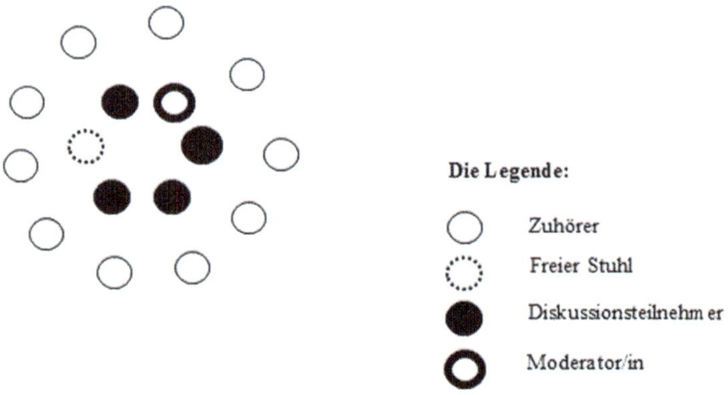

Abb. 5.1 Die Fishbowl-Methode

dürfen erst dann ihre eigene Meinung äußern. Des Weiteren haben Teilnehmer, die sich aus dem Außenkreis in den Innenkreis setzen, den Kreis nach der getätigten Aussage möglichst schnell zu verlassen, um so den Platz für weitere Meinungsäußerungen freizumachen. Sollte eine der festgelegten Regeln nicht beachtet werden, greift der Moderator, anders als beim Open Space, in die Diskussion ein und ermahnt denjenigen Teilnehmer [35].

Die Fishbowl Methode lässt sich einfach in den Arbeitsalltag von Unternehmen jeglicher Größe integrieren. Dieses ist auf die kurze Dauer der Veranstaltung, die idealerweise eine halbe bis zu einer Stunde misst ([6], S. 8) bei i.d. R geringen Teilnehmeranzahlen von bis zu 50 Personen [35], zurückzuführen. Die vorhandene Struktur unterstützt gleichzeitig den Zweck der Veranstaltung. Oft ist es Ziel einer solchen Zusammenkunft, eine Lösung sozialer Aspekte, wie z. B. von Streitfragen zu erreichen ([6], S. 8). Dahingegen eignet sich das Format ebenso wenig für das Sammeln kreativer Ideen und den Erfahrungsaustausch untereinander wie zur Entscheidungsfindung, da es sich als schwierig erweist festzustellen, wie viele Teilnehmer die gleichen Ansichten vertreten [32].

Als äußerst positiv zu bewerten ist, dass durch das Format alle Teilnehmer des Innenkreises, die Diskutanten, trotz unterschiedlicher Hierarchiestufen gleichberechtigt sind. Dies kann für Unternehmen, die sich durch eine autoritäre Führungskultur kennzeichnen, eine große Schwierigkeit darstellen. So ist es fraglich, inwieweit sich z. B. ein Praktikant während eines solchen Meeting Formates zutraut, auf gleicher Ebene mit dem Geschäftsleiter des Unternehmens zu diskutieren, wenn er dies aus dem Arbeitsalltag nicht kennt. Vor der Umsetzung des Formates sollte daher auch bei der Fishbowl Methode der Führungsstil des Unternehmens beachtet werden, um mögliche Konflikte oder Frustrationen der Mitarbeiter zu umgehen [32].

5.5 Partizipative Formate im Vergleich

Im Folgenden werden zur Verdeutlichung der Möglichkeiten des Erwerbs beruflicher Zukunftskompetenzen das Open Space (für Großunternehmen) und die Fishbowl Methode (für kleine bis mittelständischen Unternehmen) als exemplarische moderne, partizipative Veranstaltungsformate unter didaktischen Aspekten gegenübergestellt.

Beide Formate verfolgen jeweils unterschiedliche Ziele und weisen folglich vollkommen unterschiedliche Strukturen und Anwendungsbereiche auf. Das Open Space fördert den hierarchieübergreifenden Gruppenaustausch und bietet Raum für neue, kreative Ideen [36], deren praktische Umsetzung im Anschluss unterstützt wird. Die Fishbowl Methode hingegen dient im Schwerpunkt der gleichberechtigten, kontroversen Diskussion. Die Methode zielt dabei nicht auf einen Meinungsausgleich oder eine Entscheidungsfindung ab [32], fördert aber die unternehmensinterne Kommunikation und Beilegung von Streitfragen.

Ein Open Space ist ein Meeting Format, welches am wenigsten vorstrukturiert ist und den Teilnehmern daher die größte Chance zur Selbstorganisation bietet ([32], S. 13). Verglichen mit der streng vorstrukturierten Fishbowl Methode [35], trägt das Format ein enormes Potential, durch das die Mitarbeiter eine Vielzahl wichtiger beruflicher Kompetenzen erwerben bzw. vertiefen können. Ermöglicht wird dies u. a. durch die eher passive und zugleich unterstützende Haltung eines Open Space Begleiters ([20], S. 62 ff.). Bei der Fishbowl Methode hat der Moderator hingegen eine aktive Rolle inne. Denn er ermahnt die Teilnehmer bei Missachtung der Regeln und greift somit unmittelbar in das Meeting ein [35]. Bei einem Open Space haben lediglich die Teilnehmer eine aktive Rolle inne. Sie sind diejenigen, die dem Meeting eine Struktur verleihen. Dies geschieht, indem sie gemeinsam die Agenda und Themen entwickeln. Sie erschaffen ihr eigenes Zeitmanagement für die Arbeitsgruppen und lassen sich von ihren Interessen leiten, an welchen der Themen sie sich aktiv mitbeteiligen möchten ([11], S. 23). Somit haben die Mitarbeiter bei diesem Format einen äußerst großen Handlungsspielraum, sofern sich die Unternehmensführung nicht in ihre Selbstorganisation einmischt und Kontrolle ausübt ([20], S. 15). Mitarbeiter, die bspw. ihre Kreativität entfalten, ihre Ideen einbringen und sich durch die Arbeit selbstverwirklichen wollen, erhalten bei einem Open Space die ideale Gelegenheit. Aufgrund der hierarchieübergreifenden Kommunikation während eines Open Space, [36] stellt dieses Format auch einen geeigneten Anreiz zur Befriedigung des Geselligkeitsmotivs von Mitarbeitern dar. Sowohl die Teilnahme an einem Open Space, als auch die aktive Mitarbeit vor Ort beruhen auf einer freiwilligen Basis ([20], S. 26 ff.). Dies gilt analog für die Bereitschaft, sich als Mitarbeiter nach der Veranstaltung einer Freiwilligengruppe anzuschließen, um die entwickelten Ergebnisse weiterzuverfolgen ([30], S. 5). Dadurch, dass auf die Teilnehmer kein Druck ausgeübt wird, können auch Mitarbeiter, die durch die Arbeit das Kompetenzmotiv verfolgen, zufriedengestellt werden. Zudem dienen die Erfahrungen, die die Mitarbeiter gemeinsam bei einem Open Space sammeln, als große Abwechslung zur routinierten Arbeit. Die erfolgreiche Umsetzung dieses Formats setzt dabei voraus, dass Unternehmen ihre Kontrolle während des Meetings vollkommen aufgeben. Nur so wird der Raum für die Selbstorganisation der Mitarbeiter eröffnet ([20], S. 15).

Dahingegen ist die Fishbowl Methode aufgrund der Regeln und der ermahnenden Rolle des Moderators [35] stark vorstrukturiert. Verglichen zu einem Open Space, ist bei diesem Meeting Format der Grad der vielschichtigen Partizipation deutlich geringer. Zwar haben die passiven Teilnehmer des Außenkreises die Möglichkeit, sich zum Innenkreis zu begeben und selber aktiv mitzudiskutieren [32], dennoch findet eine klare Trennung der Gruppe in aktive und passive Teilnehmer statt. Durch die Diskussionsordnung können die Mitarbeiter in erster Linie soziale Kompetenzen erwerben bzw. ausbauen. Indem sie zuhören und die Meinung der anderen Teilnehmer akzeptieren, um dann ihre eigene Sichtweise zu schildern, lernen sie den respektvollen Umgang miteinander. Der Perspektiventausch vom passiven Zuhörer zum aktiven Diskutanten ermöglicht ihnen außerdem, die Diskussions-, Beobachtungs- und Zuhörerfähigkeit auszubauen [35].

Auch bei einem Open Space werden vor allem soziale Kompetenzen ausgebaut, wie z. B. die Kommunikations-, Team- und Kooperationsfähigkeit. Dies ist auf den intensiven, hierarchieübergreifenden Austausch und die Arbeit in den Workshop-Gruppen mit unterschiedlichsten Konstellationen an Teilnehmern zurückzuführen. Die Kreativität und Innovationsfähigkeit der Mitarbeiter wird durch die zwanglose Atmosphäre während eines Open Space gefördert ([19], S. 6). Zudem führt die *„Selbstorganisation [.] [während eines Open Space] zur Annahme von Verantwortung für sich und die Gemeinschaft [des Unternehmens].“* ([19], S. 7) Ferner kann durch ein Open Space ein wachsendes Zusammengehörigkeitsgefühl entstehen ([19], S. 6). Dies dürfte besonders Mitarbeiter, die durch die Arbeit das Geselligkeitsmotiv verfolgen, zufriedenstellen und sie zu einer höheren Leistungsbereitschaft animieren ([37], S. 372). Das Vorschlagen eines Arbeitsthemas und Initiieren einer Workshop-Gruppe stärkt das Selbstvertrauen und die Eigeninitiative. Insbesondere leistungsmotivierte Mitarbeiter können dies als eine Chance nutzen, sich zu profilieren. Des Weiteren können Mitarbeiter bei den Kleingruppenarbeitsphasen während eines Open Space selber die Diskussion ihrer Gruppe moderieren und dadurch neben fachlicher, auch methodische Kompetenzen erwerben bzw. ausbauen [36]. Bei der Fishbowl Methode trifft dies nur auf die Person zu, die die Rolle des Moderators einnimmt. Wenngleich die Fähigkeit, flexibel in ungewohnten Situationen umzugehen beim Open Space deutlich höher zu bewerten ist, kann diese aber auch bei der Fishbowl Methode erworben bzw. ausgebaut werden.

5.6 Fazit und Ausblick

Generell hat sich bei der Primärforschung in Form von Experteninterviews und der Untersuchung relevanter Sekundärliteratur bestätigt, dass partizipative Meeting Formate ein wichtiges Instrument zur Mitarbeiterentwicklung und erfolgreichen Förderung sozialer Kompetenzen in Unternehmen darstellen. Jede einzelne Ausrichtung verkörpert unterschiedliche Ziel- und Voraussetzungen. Werden diese aber dezidiert abgewogen und eingehalten, können Open Space, das World Café, die Fishbowl Methode und Zukunftskonferenz im Bereich der Mitarbeiterförderung erfolgreich eingesetzt werden und gewinnen an zunehmender Bedeutung auf dem Markt der Corporate Events.

Literatur

1. DUW Presse-Service. 2011. Kompetenz- und Talentmanagement in Deutschen Unternehmen – Eine Studie der Deutschen Universität für Weiterbildung. http://www.duw-berlin.de/fileadmin/user_upload/content/downloads/DUW-Talentmanagement-Studie_Screen.pdf. Zugegriffen: 6. Juli 2014.
2. Haufe-Lexware GmbH & Co. KG. 2011. Demografischer Wandel/Alternde Gesellschaft– Herausforderungen für die strategische Personalplanung, den Arbeits- und Gesundheitsschutz. http://suite.haufe.de/fileadmin/user_upload/Suite-Whitepaper/Haufe-Whitepaper-Demographischer-Wandel-Alternde-Gesellschaft.pdf. Zugegriffen: 22. Juni 2014.
3. Bartscher, T., und J. Frick. 2009. Fördern und Fordern, ProFirma – Das Magazin für den innovativen Mittelstand, Nr. 05, 2009, S. 84–87. http://www.haufeakademie.de/downloads_shop/documents/6027.pdf. Zugegriffen: 22. Juni 2014.
4. VDR. 2014a. *VDR-Geschäftsreiseanalyse 2014*. 12. Ausgabe. Offenbach am Main-Bieber: Gathof Druck GmbH.
5. GCB. 2013. Tagung und Kongress der Zukunft, Grafische Werkstatt 1980, Kassel. S. 76.
6. Jaworski, J. 2014. Partizipativen Tagungsformaten gehört die Zukunft, degefest-Themenreihe: Besser als Gestern werden – der Kunde ist auch nur ein Mensch! http://www.degefest.de/media/15633/degefest-Themenreihe_Kunde_final_kl.pdf. Zugegriffen: 20. Juli 2014.
7. Wolff, B. 2012. Tagungsgewohnheiten regelmäßig hinterfragen, Wirtschaft + Weiterbildung, Nr. 04/2014 vom 02.04.2014. http://bernhardwolff.de/fileadmin/user_upload/Medien/120402-BW-W_W.pdf. Zugegriffen: 19. Juli 2014.
8. Grolman, F. o.J. a. Interaktive Workshop-Methoden, and initio Organisationsberatung. http://www.organisationsberatung.net/workshop-methoden/. Zugegriffen: 20. Juli 2014.
9. Schulze, G. 2014a. Mut zur Innovation oder bewahren, bis der Teilnehmer wegbleibt?, tw (DFV), Nr. 3/2014. http://www.twmedia.com/vorlagen/pdf/tw_interactive/tw_interactive_03_2014.pdf. Zugegriffen: 17. Juli 2014.
10. EITW. 2013. im Auftrag von EVVC, GCB und DZT, Tagungs- und Veranstaltungsmarkt Deutschland – Das Meeting- & EventBarometer 2012/2013. http://www.google.de/url?sa=t&rct=j&q=&esrc=s&source=web&cd=2&sqi=2&ved=0CDoQFjAB&url=http%3A%2F%2Fwww.gcb.de%2Fassetfile_51e685f24c9fc45b7100000f_0f0.pdf&ei=CYOIU96bKsiM4gSz9oCoAw&usg=AFQjCNGBbDlxiUTly5LndE0h3luzDgFyRQ&sig2=ve7nEoWUBfT3req4tKxzhw. Zugegriffen: 22. Juni 2014.
11. Robes, J. 2013. Unkonferenzen, Cafés und Camps, Nr.: 02/2013, Wirtschaft & Beruf-Zeitschrift für Bildung, S. 20–23. http://www.weiterbildungsblog.de/wpcontent/uploads/2013/05/2013_02_wub_20–23_robes.pdf. Zugegriffen: 20. Juli 2014.

12. Schulze, G. 2014b. Visionär auf dem Papier, tw (DFV), Nr. 3/2014. http://www.twmedia.com/vorlagen/pdf/twausgaben/tawi_03_2014.pdf. Zugegriffen: 18. Juli 2014.
13. Wewoda, F. 2014. Visionär auf dem Papier, tw (DFV), Nr. 3/2014. http://www.twmedia.com/vorlagen/pdf/twausgaben/tawi_03_2014.pdf. Zugegriffen: 18. Juli 2014.
14. AUMA. 2006. Seminar-, Tagungs- uns Kongressmanagement, Veranstaltungsdidaktik und –design, Projektmanagement, Durchführung und Nachbereitung, 2. Aufl., Cornelsen.
15. Grolman, F. o.J. b. Vorbereitung von Open Space, World Café und anderen Großgruppenveranstaltungen, initio Organisationsberatung. http://www.organisationsberatung.net/grosgruppenmoderation-grosgruppenverfahrenvorbereitung/. Zugegriffen: 19. Juli 2014.
16. Grolman, F. o.J. c. Open Space Methode: 47 Praxistipps zur Vorbereitung, initio Organisationsberatung. http://www.organisationsberatung.net/open-space-methode-open-space-konferenz/. Zugegriffen: 22. Juli 2014.
17. Kruse, P. 2012. Möglichkeit zum Diskurs, CIM – Conference, Incentive & Management– A European Magazine for the Meetings Industry, Nr. 05/2012, S. 16 ff.
18. Flinker, A., und A.-K. Schalhorn. o. J. Open the Space! – Die Alternative zum Meistern großer Herausforderungen, agonda. http://www.agonda.de/inspirationen/openthespace/openthespace.html. Zugegriffen: 22. Juli 2014.
19. Petri, K. 2002. Open Space – Die Geschichte von Kaffeepausen und Gesellschaftlicher Verantwortung. In *Handbuch Personalentwicklung – Konzepte, Methoden, Strategien, 72. Erg.-Lfg*, Hrsg. K. Geissler, S. Laske und A. Orthey. Köln: Fachverlag Deutscher Wirtschaftsdienst GmbH. http://www.openspace.de/Open_Space_Personalhandbuch_adapt.pdf. Zugegriffen: 25. Juli 2014.
20. Owen, H. 2011. *Open Space Technology – Ein Leitfaden für die Praxis*. 2. Aufl. Stuttgart: Schäffer-Poeschel Verlag.
21. Neuland, G. 2011. World Café, dialog – Das Magazin rund um Neuland und das lebendige Lernen, Nr. 01–2011, S. 1–20. http://www.neuland.com/pdf/Neuland-Magazin_2011_01_72dpi.pdf. Zugegriffen: 24. Juli 2014.
22. Berner, W. 2010. Methoden der Veränderung – Großgruppen: Von Appreciative Inquiry über Open Space bis World Café und Zukunftskonferenz. http://www.umsetzungsberatung.de/methoden/grossgruppen.php. Zugegriffen: 22. Juli 2014.
23. Whole Systems Associates. 2002. Café to go, Deutsche Übersetzung: Bredmeyer. http://www.boscop.org/data/user/PDF-Dokumente/german_cafe_to_go.pdf. Zugegriffen: 24. Juli 2014.
24. Schieffer, A., D. Isaacs, und B. Gyllenpalm. World Café: Kollektive Kreativität im Kommen, S. 40–47. http://www.theworldcafe.com/translations/GermanTWC1.pdf. Zugegriffen: 18. Juli 2014.
25. Gloger, S. 2004. Kaffeetrinken, in managerseminare April 2004, Heft 75, S. 51–56.
26. Bredemeyer, S. 2004. World Café – Der Gruppen-Intelligenz einen Raum öffnen, Trainer Kontakt-Brief, Nr. 49, Dez. 2004 – März 2005, 12. Jg., S. 13–14. http://www.theworldcafe.com/translations/Germanbredermeyer.pdf. Zugegriffen: 24. Juli 2014.
27. Töpfer, J. 2003. ZukunftSuche – Die Entdeckung von gemeinsamen Grundlagen für die Zukunft. http://www.boscop.org/data/user/jotoepfer_profil/suche-de.pdf. Zugegriffen: 23. Juli 2014.
28. Agonda. o.J. Ablauf eines Open-Space Meetings, agonda. http://www.agonda.de/openspace/ablauf/ablauf.html. Zugegriffen: 22. Juli 2014.

29. Boscop eG. o.J. Open Space – Selbstorganisation Raum geben. http://www.boscop.org/angebot/open-space/. Zugegriffen: 22 Juli 2014.
30. Töpfer, J. 2012. Augen auf! Mit Überraschungen ist zu rechnen! – Ein kleiner Ausflug in die Welt des open space-Verfahrens, boscop eG. http://www.boscop.org/data/user/PDF-Dokumente/open-space-de.pdf. Zugegriffen: 22. Juli 2014.
31. Hartmann, M., R. Funk, und K. Wittkuhn. 2000. *Gekonnt Moderieren, 4. Erweiterte Auflage*. Weinheim: Beltz Verlag.
32. Projektwerkstatt. o.J. Fishbowl. http://www.projektwerkstatt.de/hoppetosse/hierarchNIE/fishbowl.html. Zugegriffen: 25. Juli 2014.
33. BizTravel. 2012. Mice: Die 10 Top-Trends für 2013. http://biztravel.fvw.de/mice-die-10-top-trends-fuer-2013/1/113357/4082/4. Zugegriffen: 22. Juli 2014.
34. Theis, A. 2012. zitiert in: Zeit Online (2012b), Management: So werden Meetings effizient. http://www.zeit.de/karriere/beruf/2012-04/moderne-meetings. Zugegriffen: 22. Juli 2014.
35. Kalmbach, G. 2008. Fishbowl, TrainerLexikon. http://www.trainerlexikon.de/index.php?title=Fishbowl. Zugegriffen: 26. Juli 2014.
36. Lensch, K. o.J. Open Space Conference, and Kreativkonferenz. http://www.kreativkonferenz.de/text/framewkk.html. Zugegriffen: 29. Juli 2014.
37. Jung, H. 2011. *Personalwirtschaft*. 9. Aufl. München: Oldenbourg Wissenschaftsverlag GmbH.

Martina Horvatic erlangte 2014 an der BEST-Sabel Hochschule in Berlin ihren BA. of Arts Titel in dem Studienfach: Business Travel & Eventmanagement. Zurzeit arbeitet sie bei der Díaz & Hilterscheid Unternehmensberatung GmbH und ist dort zuständig für die Organisation der Mobile App Europe, eine internationale Konferenz für passionierte Mobile App Professionals.

In Ihrer Bachelorthesis 2014, befasste Sie sich mit der Thematik der Mitarbeiterförderung durch das Nutzen moderner Meeting Formate und ging dabei detailliert auf das Open Space, die Fishbowl Discussion, die Zukunftskonferenz sowie das World Café ein.

Ende dieses Jahres will sie mit einem Master in Marketingmanagement auf Fernstudienbasis beginnen. Künftig strebt sie an, ihre Karriere in der Events Branche weiter auszubauen, spannende Projekte zu begleiten und viele interessante Kontakte in diesem Bereich zu knüpfen.

6 An runden Tischen wächst das Wissen

Round Table Sessions und World Cafés involvieren Teilnehmer

Oliver Panne

Zusammenfassung

Beide Formate – Round Table Sessions und World Cafés – bieten ein enormes Potenzial, um Veranstaltungen aufzuwerten, sie interaktiv und spannend zu gestalten. Sie bedienen das wachsende Interesse der Teilnehmer, Veranstaltungen aktiv mitzugestalten – ohne alle diejenigen einzuschränken, die passiv teilnehmen möchten. Round Table Sessions sind ein funktionierendes Werkzeug für Vernetzung und themenorientiertes Community Building. Und World Cafés sind eine angewandte Form von Crowdsourcing und vernetzter Ideengenerierung, bei der das Potenzial des Kollektivs Zukunftsfragen beantworten hilft.

Befragungen auf Kongressveranstaltungen zeigen: Round Table Sessions und World Cafés fördern die Zufriedenheit der zunehmend anspruchsvollen Teilnehmerschaft. Indem Veranstalter vernetzende Formate wie Round Table Sessions und World Cafés anbieten, teilen sie die Verantwortung für den Erfolg ihrer Veranstaltungen mit ihren Gästen; und erst hierdurch werden ihre Gäste zu echten, mündigen und vor allem zufriedenen „Teilhabern" dieser Veranstaltungen. Und in vielen Fällen auch zu begeisterten und loyalen Freunden.

O. Panne (✉)
SWOP. Medien und Konferenzen GmbH, Berlin, Deutschland,
E-Mail: oliver.panne@swop-berlin.de

T. Knoll (Hrsg.), *Neue Konzepte für einprägsame Events*,
DOI 10.1007/978-3-658-10155-8_6

6.1 An runden Tischen wächst das Wissen: Round Table Sessions und World Cafés involvieren Teilnehmer

Jeder, der in den vergangenen zehn Jahren professionell Kongresse organisiert hat, stellt fest: Kongressbesucher werden immer anspruchsvoller. Dies gilt beileibe nicht nur für die Qualität des Kongress-Caterings (bio, regional, nachhaltig, fair produziert) und die Annehmlichkeiten der Locations (zentral gelegen, besondere Architektur, hell, warm, freies WLAN). Auch an Gehalt, Dramaturgie und Darbietungsformen der „geistigen Kongressnahrung" werden immer höhere Maßstäbe angelegt.

Der Kongressmarkt boomt, jeder macht heute Kongresse. Und je mehr Verbände, Verlagshäuser, Unternehmen, Messegesellschaften, Agenturen etc. in dieses Geschäftsfeld vordringen, desto intensiver ist der Wettbewerb. Die Teilnehmer sind umkämpft – und sie wissen es: Die von allen Seiten listig Umschmeichelten stellen immer höhere Forderungen und Ansprüche an die Kongressqualität. Sie tun dies zu Recht – und gleichzeitig zulasten der Kongressveranstalter, die dazu verdammt sind, unablässig innovativ zu bleiben.

Gleichzeitig revolutioniert die anhaltende Digitalisierung aller Lebensbereiche unsere Kommunikationskultur weiterhin von Grund auf: Mit dem Internet ist ein Resonanzraum entstanden, in dem potenziell jeder mit jedem kommunizieren und ein unendlich großes Publikum erreichen kann. Gleichzeitig kommen Internetteilnehmer heute so leicht an Informationen wie nie zuvor. Beides führt dazu, dass dem Publikum in den vergangenen Jahren eine nie dagewesene Macht zugewachsen ist. Und dass die ohnehin schon bestehenden Ansprüche weiter befeuert werden.

► Kongressausrichter tun gut daran, diese Macht zu respektieren.

Das Publikum lässt sich heute nicht mehr so leicht etwas vormachen. Es will mitmischen, involviert werden, sich mitteilen etc. Das Publikum will auch auf die Bühne, zumindest ein bisschen. Der informelle Teil von Kongressen wird immer wichtiger. Insbesondere jüngere Teilnehmer verlangen nach Formaten, die Raum für Selbstverantwortung und Selbstorganisation bieten. Informationsaustausch durch Mitmachformate steht hoch im Kurs. Erkenntnisgewinn durch Co-Kreation, also durch gemeinsames, schöpferisches Erarbeiten von Lösungen, ist für viele wesentlich spannender als die Rezeption von akademischem Fertigwissen, das Ehrfurcht gebietende Koryphäen wie im 19. Jahrhundert frontal vom Katheder herab präsentieren.

Kongressteilnehmer begreifen sich heute immer seltener als passive Konsumenten, sondern zunehmend als gut informierte Akteure, die mitreden können. Sie möchten näher ran an das Wissen und sich genau die Portion Know-how mitnehmen, die sie zur Lösung ihrer Fragestellungen brauchen. Sie lassen sich immer seltener mit Top-down-Kommunikation abspeisen, die vielleicht sogar daneben geht. Sie möchten gezielt hinterfragen und interagieren.

Erfolgreiche Veranstalter erfüllen diese Bedürfnisse. Sie gestalten ihre Kongresse nutzerfreundlicher, intuitiver, abwechslungsreicher und informativer – statt linear, frontal, monologisch und vorhersehbar. Partizipation und Interaktion sind das Gebot der Stunde. Wer seinen Kongress in diesem Sinne aufwerten möchte, baut mit Round Table Sessions und World Cafés zwei betont partizipative Formate in den Kongressablauf ein. Diese beiden kurzweiligen Formate bieten die Möglichkeit, Kongressbesucher zu echten „Teilhabern" von Kongressen zu machen – und ihre Zufriedenheit auf diese Weise erheblich zu steigern.

Das Geheimnis besteht darin, dass der Veranstalter die Verantwortung für den Kongresserfolg teilweise an die Teilnehmer delegiert. Dies geschieht, indem er ihnen die Möglichkeit bietet, den Freiraum von Round Table Sessions und World Café eigenverantwortlich und selbstbestimmt auszufüllen. Der Veranstalter wird die Verantwortung jedoch nur dann an die Teilnehmer delegieren, wenn er in der Lage ist, die Kontrolle über das Geschehen in den Tischrunden abzugeben. Und wenn er „seinen" Teilnehmern das erforderliche eigenverantwortliche Handeln zutraut.

6.1.1 Entscheidende Gemeinsamkeit: der runde Tisch

Round Table Sessions und World Cafés unterscheiden sich in ihrer Funktionsweise und Wirkung erheblich. Doch sie beruhen auf einer entscheidenden Gemeinsamkeit: dem runden Tisch. Warum ist der runde Tisch so wichtig? Ganz einfach: In seiner Funktionsweise ähnelt der runde Tisch einem Lagerfeuer, an dem eine Gruppe ihre Gedanken austauscht. Runde Tische eignen sich seit jeher für einen lebendigen und gleichberechtigten Austausch. Gerade in Zeiten der immer stärkeren Virtualisierung und zunehmenden Abstraktheit unserer Arbeitswelt kommen sie dem Bedürfnis nach konkret erlebter Gemeinschaft entgegen. Runde Tische haben sich als die perfekte Form erwiesen, um Menschen zusammenzubringen (vgl. Abb. 6.1).

Ein berühmtes Vorbild des runden Tisches ist die im 12. Jahrhundert erstmals erwähnte berühmte Tafelrunde von König Artus. Angeblich erfand Artus den runden Tisch, um Streitigkeiten der teilnehmenden Ritter um die besten Plätze auszuschließen. Zur eigentlichen Hochzeit der runden Tische wurde jedoch das Revolutionsjahr 1989. Damals verhandelten Befürworter und Gegner des gesellschaftlichen Umbruchs z. B. in Polen und in der DDR gleichberechtigt an runden Tischen, um Kompromisse zu erzielen, die von allen Seiten anerkannt werden konnten. Der überwiegend friedliche Übergang zeigt, dass dies gelungen ist.

Abb. 6.1 Nach allen Seiten offen: runde Tische

Heute setzen Politik und Verwaltung runde Tische regelmäßig ein, um Bürger an Entscheidungen zu beteiligen, die Zusammenarbeit und das gegenseitige Verständnis zwischen gesellschaftlichen Institutionen und Bürgerschaft zu fördern. Auf Kongressen kommen runde Tische üblicherweise im Rahmen von Gala- oder Festabenden zum Einsatz. So eingesetzt ermöglichen sie eine gepflegte Kommunikation in einem festlichen Ambiente.

Das Potenzial runder Tische ist also offenkundig. Doch im informativen Teil von Kongressprogrammen werden sie noch immer eher selten eingesetzt. In erster Linie erlauben sie Kongressteilnehmern Begegnungen auf Augenhöhe. Denn keiner der Teilnehmer nimmt hier eine bevorzugte oder herausgehobene Position ein. Das Format kommt allen denjenigen entgegen, die lieber in einer überschaubaren Gruppe als vor großem Publikum ihre Gedanken darlegen. Der runde Tisch verdeutlicht nach außen: Hier findet ein gleichberechtigter und nach allen Seiten hin offener Dialog statt. Die kreisförmige Anordnung der Teilnehmer ist kommunikativ, denn die Teilnehmer sind einander zugewandt. Jeder kann jeden gut sehen und direkt ansprechen. Die Teilnehmer können sich gleichermaßen gut am Gespräch beteiligen oder auch nur zuhören. Jeder entscheidet nach persönlichem Interesse, wie intensiv er sich beteiligen möchte.

Aufgrund dieser Eigenschaften wirken runde Tische auf Kongressen vernetzend und Gemeinschaft bildend – völlig unabhängig davon, ob sie im Rahmen von Round Table Sessions oder World Cafés eingesetzt werden. Pragmatiker sind überzeugt: Round Table Sessions und World Cafés lassen sich auch an eckigen Tischen durchführen; aber die Qualität der Kommunikation ist dann eine andere. Wer schon einmal an der Schmalseite eines eckigen Tisches sitzen musste, weiß warum das so ist.

Soviel zu den Vorteilen von runden Tischen. Ein Nachteil soll hier nicht unerwähnt bleiben: Die auf Kongressen üblicherweise eingesetzten Tische für acht bis zehn Teilnehmer und die dazugehörigen Stühle nehmen relativ viel Platz ein. Bei Kinobestuhlung mit Tisch- und Stuhlreihen lassen sich deutlich mehr Menschen in einem Raum gleicher Größenordnung unterbringen als bei Bankettbestuhlung mit runden Tischen. Hinzu kommt: Da an den runden Tischen gerne intensiv (und geräuschvoll) debattiert wird, ist auf ausreichenden Abstand zu den benachbarten Tischrunden zu achten. Andernfalls kann die Kommunikation dort empfindlich gestört werden. Zudem sollte der Veranstaltungssaal die Geräuschkulisse möglichst eher dämpfen als sie zu verstärken.

Der Dialog an runden Tischen – egal ob in Round Table Sessions oder World Cafés – braucht also immer genügend Raum. Diesen Raum können ab einer bestimmten Teilnehmerzahl längst nicht alle Tagungsorte bieten. Doch wer die Zufriedenheit seiner Teilnehmer mit diesen partizipativen und interaktiven Formaten steigern will, findet in der vielfältigen Kongresslandschaft zahlreiche hervorragend geeignete Locations.

6.1.2 Die Unterschiede: Community Building versus vernetzte Ideengenerierung

Round Table Sessions sind moderierte Tischrunden, bei denen bis zu 15 Teilnehmer pro Tisch nach einem kurzen Impulsvortrag ein Thema oder Projekt diskutieren. Das Format basiert auf der Überzeugung, dass die Teilnehmer – und nicht nur die Hauptvortragenden oder Keynote Speakers eines Kongresses – Experten für bestimmte Fragestellungen sind. Jeder Teilnehmer einer Businesskonferenz bringt Erfahrungswissen mit; wenn er es einbringt und mit den anderen teilt, hilft das, den Erkenntnisgewinn aller erheblich zu steigern. Dieser Kerngedanke der digitalisierten Gesellschaft, der Shareconomy, gilt auch – und gerade! – für Veranstaltungen.

Round Table Sessions wirken wie ein lebendiger Themenmarkt oder themenorientiertes Networking. Denn jeder Teilnehmer kann gleichberechtigt mitdiskutieren – oder auch während der Tischrunden aufstehen und sich einer anderen

Runde anschließen. So finden sich schnell Teilnehmer mit gleichen Interessen und Erfahrungen. Einen besseren Anlass für Vernetzung gibt es kaum. Dementsprechend lassen sich Round Table Sessions als angewandtes und themenorientiertes Community Building bezeichnen. Die Themen der Round Table Sessions können frei gewählt werden und müssen keinen näheren Bezug zu den anderen Tischrunden haben. Einzige Bedingung ist, dass die Themen zum Schwerpunkt des Kongresses passen. Round Table Sessions können also einen relativ autonomen, eigenständigen Charakter annehmen.

Konferieren in Kaffeehausatmosphäre – das World Café, 1995 von den Unternehmensberatern Juanita Brown und David Isaacs in den USA erfunden, macht es möglich. Im Unterschied zu den Round Table Sessions steht bei World Cafés vernetztes Denken und Arbeiten im Vordergrund. Gemeinsam erarbeiten und dokumentieren die Teilnehmer dabei Strategien zur Lösung einer übergeordneten Fragestellung. Mit mindestens vier und maximal ca. 15 Teilnehmern pro Tisch bewegt sich das World Café in einer ähnlichen Größenordnung wie die Round Table Session.

Im Unterschied zu den eher autonomen Round Table Sessions sind die einzelnen Tischrunden eines sinnvoll strukturierten World Cafés Teil eines größeren Ganzen; sie arbeiten ergebnisorientiert der übergeordneten komplexen Fragestellung des World Cafés zu. An jedem Tisch werden einzelne Fragen oder Sequenzen aufeinander abgestimmter Fragen behandelt. Am Ende werden die Ergebnisse zusammengetragen. Damit hat das World Café das Potenzial, die Selbstorganisation der Teilnehmer zu fördern und die Stärke der Gruppe für die Beantwortung von Zukunftsfragen zu nutzen.

6.2 Table Sessions

6.2.1 Das Setting

Jeder Round Table sollte Platz für etwa zehn Teilnehmer bieten. Zusätzlich sollten einzelne Stühle in der Nähe bereitstehen, damit sich weitere interessierte Teilnehmer dazusetzen können. Bei besonders spannenden Tischrunden können sich spontan zwei Stuhlreihen mit Teilnehmern rund um den Tisch bilden. Ideale Bedingungen herrschen jedoch bei einer Größenordnung von rund zehn Teilnehmern, wenn alle „in erster Reihe“ sitzen und bequem miteinander kommunizieren können.

Round Table Sessions können nachweislich bei Kongressen einer Größenordnung von bis zu 750 Teilnehmern durchgeführt werden. Dabei ist darauf zu achten, dass zwischen den Tischen ausreichend Raum gelassen wird. Denn nicht nur die

Abb. 6.2 Vernetzung braucht Platz

Stuhlreihen der Teilnehmer müssen Platz finden. Die Teilnehmer sollen auch bequem zwischen den einzelnen Tischen umherlaufen können. Zudem wird ein ausreichend großer „akustischer Abstand" benötigt, damit sich die Tischrunden nicht gegenseitig stören. Daraus ergibt sich, dass zwischen den einzelnen Tischen nach allen Seiten mindestens 2 bis 2,50 m Abstand gelassen werden sollte. Für jeden Tisch und die dazugehörigen zehn Stühle wird also eine Stellfläche von mindestens 12 qm benötigt (vgl. Abb. 6.2).

Wenn Round Table Sessions im Rahmen eines Kongresses mit 750 Teilnehmern stattfinden sollen, wird also ein Saal mit einer Grundfläche von ca. 40 × 40 m benötigt. Dann können 70 Tische mit genug Zwischenraum aufgestellt werden. Falls ein Saal dieser Größenordnung nicht vorhanden ist, können Round Table Sessions auch parallel zum sonstigen Kongressprogramm (Plenum, Seminare, Workshops o. Ä.) mit weniger Tischen in einem kleineren Saal durchgeführt werden.

6.2.2 Ablauf und Rolle der Gastgeber

Eine Round Table Session dauert 45 bis 60 min. Die Session kann im Rahmen eines Kongresses einmalig oder mehrfach durchgeführt werden. Bei mehreren Wiederholungen können mehr Kongressbesucher an den Sessions teilnehmen.

Abb. 6.3 Round Tables: Tisch-Flipchart statt Powerpoint

An jedem runden Tisch begrüßt ein Moderator, Gastgeber oder Experte die Teilnehmer. Er hält zu Beginn der Session zunächst einen kurzen Impulsvortrag von 10 bis 15 min Dauer. Dabei kann es sich um Best- oder Worst-Case-Beispiele, die Vorstellung einer (technischen) Innovation, eine typische Herausforderung für die Branche o. Ä. handeln. Bei seiner Präsentation kann der Moderator z. B. auf ein Tischflipchart im Format DIN A3 zurückgreifen, das in die Mitte des Tisches gestellt wird (vgl. Abb. 6.3). Weniger bewährt haben sich Powerpoint-Präsentationen auf Laptops, da deren Bildschirme in der Regel zu klein sind.

An den Impulsvortrag schließt sich eine moderierte Fragerunde mit Diskussion an (Dauer: 35 bis 50 min). Hierbei ist es wichtig, dass der Moderator die Teilnehmer aus der Reserve lockt. Dazu kann er den Teilnehmern direkte und möglichst offene Fragen stellen, wie z. B. „Wie sind Ihre Erfahrungen mit diesem Thema?", „Wie gehen Sie damit um?", „Was tun Sie in solchen Fällen?" etc. Außerdem sollte der Moderator den Teilnehmern genug Raum für ihre Antworten lassen und ein ehrliches Interesse an den Antworten zeigen.

Der Moderator ist dafür verantwortlich, dass jeder zu Wort kommen kann und nicht etwa einzelne Teilnehmer (einschließlich Moderator) das Geschehen übermäßig dominieren. Als kontraproduktiv erweisen sich in diesem Zusammenhang eine übertriebene Selbstbeweihräucherung oder werbliche Lobpreisungen des Moderators oder einzelner Teilnehmer.

6.2.3 Orientierung der Teilnehmer

Wie beschrieben gleicht das Format der Round Table Sessions einem vielfältigen Themenmarkt, auf dem die Moderatoren an verschiedenen Tischen ihr Angebot feilbieten. Je nach Anzahl an Round Table Sessions können Teilnehmer und Organisatoren dabei leicht die Übersicht verlieren. Daher ist es ratsam, die Tische deutlich wahrnehmbar zu nummerieren. Eine sehr gute Orientierung bietet in dieser Hinsicht zum Beispiel ein zusammen mit den Kongressunterlagen verteilter Tischplan und bedruckte Würfel oder Aufsteller auf den Tischen, die an jeder Seite die Tischnummer zeigen. Dank Tischplan und Tischnummern finden die Teilnehmer schnell zu den Round Tables mit den von ihnen bevorzugten Themen. Besonders raffiniert sind nummerierte Würfelboxen aus Karton, die an ihrer Oberseite einen Schlitz haben oder offen sind. Hier können die Teilnehmer Zettel mit ihren Gedanken, Wünschen oder Anregungen für die Organisatoren einwerfen.

Bewährt haben sich auch Kurzvorstellungen der behandelten Themen durch die Moderatoren, bevor sich die Teilnehmer an ihre Tischrunden begeben. Dabei stehen die Moderatoren an ihren Tischen auf und skizzieren der Reihe nach und mit wenigen Worten, worum es in ihren Sessions gehen soll. Im Idealfall besitzen die Kurzvorstellungen den Charakter eines maximal 30-sekündigen Pitches, mit dem die Moderatoren um die Gunst des Publikums werben. Dazu kann ein Saalmikrofon genutzt werden, das von Moderator zu Moderator weitergereicht wird. In der anschließenden kurzen Pause begeben sich die Teilnehmer dann zu den Moderatoren mit ihren Wunschthemen.

6.2.4 Auswahl der Themen

Wie bereits angedeutet können die Themen der Round Table Sessions grundsätzlich relativ frei gewählt werden. Der Themenschwerpunkt des Kongresses ist hierbei der einzige gemeinsame Nenner. Gleichzeitig müssen Kongressorganisatoren jedoch immer ein lebhaftes Interesse daran haben, ihren Teilnehmern größtmögliche Programmqualität zu bieten, also aktuelle Themen, Methoden und Trends, eine bunte Themenvielfalt, kompetente Referenten, herausragende Trendsetter und erfolgreiche Innovatoren etc. Kongressorganisatoren müssen sich daher unbedingt vorbehalten, die Themen und Moderatoren der Table Sessions zu kuratieren.

Als überaus hilfreich erweist sich in diesem Zusammenhang immer wieder ein Call for Papers, wie er von wissenschaftlichen Tagungen bekannt ist. Dabei rufen die Kongressorganisatoren oder der Programmbeirat des Kongresses öffentlich dazu auf, sich mit Themenbeiträgen für das Programm bzw. für die Round Table Sessions zu bewerben. Die Kongressorganisatoren können den Call for Papers steuern, indem sie Themenfelder vorgeben. Bei einem Kongress, der sich mit der Digitalisierung der Verlagsbranche beschäftigt, eignen sich beispielsweise folgende Themenfelder:

- Geschäftsmodelle
- Technologien
- Organisation und Prozesse
- Markt und Trends

Um Enttäuschungen der Bewerber zu vermeiden, sollten die Kongressorganisatoren unbedingt von Anfang an darauf hinweisen, dass nur Fachbeiträge berücksichtigt werden und dass sich der Programmbeirat eine Ablehnung vorbehält.

Innerhalb eines Zeitraums von z. B. acht Wochen nach Veröffentlichung des Call for Papers haben die Interessenten dann Zeit, sich für die Round Table Sessions zu bewerben. Dazu senden sie ihre persönlichen Angaben an die Kongressorganisatoren:

- Name, Funktion und Korrespondenzangaben des Moderators sowie Name des Arbeitgebers
- Titel und Kurzfassung des vorgeschlagenen Beitrags in drei Sätzen
- Kurzfassung der Moderatorenbiografie (ca. 500 Zeichen)
- Beschreibung des Themas (max. eine Seite, entspricht ca. 4000 Zeichen)
- Zuordnung des Themas zu einem der vorgegebenen Themenfelder
- Druckfähiges Foto des Moderators

Nach Ablauf der Bewerbungsfrist prüft der Programmbeirat die eingereichten Themen und trifft eine Auswahl. Danach sollten die Bewerber schnellstmöglich informiert werden.

Auch wenn das Verfahren des Call for Papers zunächst aufwendig erscheint – es lohnt sich fast immer. Die Kongressorganisatoren binden damit die Branche ein, bleiben am Puls der Zeit und bringen sich und die Kongressteilnehmer auf den neuesten Stand. Doch ohne sorgfältige Vorauswahl geht es nicht. Sonst läuft man Gefahr, dass bekannte Selbstdarsteller, Schaumschläger oder Dienstleister mit übergroßem werblichen oder vertrieblichen Interesse die Table Sessions dominieren. Die Kongressorganisatoren müssen die Themen daher stets streng am Nutzen und Interesse der Teilnehmer ausrichten.

Der Charakter der Round Table Sessions als vielfältiger und offener Themenmarkt bringt es mit sich, dass die Moderatoren in direkter Konkurrenz zueinanderstehen. Sie sind also gefordert, attraktive und nutzwertige Themen feilzubieten und das Interesse ihrer Teilnehmer zu respektieren. Andernfalls besteht die Gefahr, dass sich die Teilnehmer während der Tischrunde verabschieden und vielversprechendere Tische aufsuchen.

Die Kongressorganisatoren tun daher gut daran, die Moderatoren auf dieses Szenario hinzuweisen und sie frühzeitig entsprechend vorzubereiten. Mit einem schriftlichen Briefing erhalten die Moderatoren daher neben den Eckdaten ihrer Round Table Session (Termin, Dauer, Länge des Impuls-Statements, Lernziele) auch folgende Empfehlungen zur Durchführung der Session:

- „Bitte stellen Sie Ihr Projekt unter dem Blickwinkel einer spezifischen Fragestellung vor. Oder heben Sie gezielt einen Aspekt/eine Problemstellung hervor. Damit verhindern Sie lange Frontalvorträge und geben den Teilnehmern die Gelegenheit, in eine Diskussion einzusteigen. Reduzieren Sie die Vorstellung Ihrer Organisation auf eine Folie und vermeiden Sie Eigenwerbung. Die Teilnehmer möchten mit Ihnen und untereinander fachlich ins Gespräch kommen. Ihre professionelle Moderation und fachliche Kompetenz ist die beste Werbung, die Sie sich wünschen können."

Wenn die Moderatoren diese einfachen Grundregeln respektieren, werden die Teilnehmer auf ihre Kosten kommen. Dann entfalten die Round Table Sessions genau diejenige inspirierende und vernetzende Wirkung, für die Teilnehmer und Organisatoren sie so sehr schätzen.

6.3 World Café

6.3.1 Das Setting

World Cafés eignen sich für Gruppen ab zwölf Teilnehmern. Auch bei diesem Kongressformat empfiehlt es sich, runde Tische mit Platz für jeweils maximal zehn Teilnehmer einzusetzen. Die Tische sollten gleichmäßig in einem Raum oder Saal verteilt aufgestellt werden. Jeder Tisch ist mit einer weißen, beschreibbaren Papiertischdecke bezogen. Darauf liegen Stifte oder Textmarker mit unterschiedlichen Farben. Die Teilnehmer können ihre Ideen, Fragen und Erkenntnisse im Verlauf des World Cafés auf die Tischdecken schreiben oder zeichnen (vgl. Abb. 6.4). Alternativ hierzu können die Teilnehmer ihre Überlegungen auch auf Moderationskarten notieren. Außerdem werden Pinn- oder Metaplanwände benötigt,

Abb. 6.4 Kommunikativ und lebendig: Arbeiten im World Café

an denen gegen Ende des World Cafés die Tischdecken oder beschrifteten Moderationskarten befestigt werden. Nun können die Ergebnisse der Tischrunden für alle gut sichtbar im Plenum präsentiert und diskutiert werden.

Neben den Teilnehmern gibt es einen Moderator für das World Café. Die Gruppengröße pro Tisch liegt bei mindestens vier Teilnehmern. Die Anzahl der Tische orientiert sich dabei sowohl an der Themenstellung als auch an der Anzahl der angemeldeten Teilnehmer. Für eine Gruppe mit zwölf Teilnehmern sind z. B. zwei Tische ausreichend. Dabei können dann an jedem Tisch jeweils sechs Personen eine eigene Fragestellung bearbeiten. Ein World Café mit rund 60 Teilnehmern zum Thema Innovationskultur sollte demgegenüber mindestens sechs Tische umfassen. Dabei wird entweder an jedem Tisch eine eigene Fragestellung bearbeitet (vgl. Tab. 6.1) oder die Teilnehmer behandeln an jeweils zwei Tischen zeitgleich die gleiche Fragestellung (vgl. Tab. 6.2):

Die Kongressorganisatoren schreiben die Fragen schon vor Beginn des World Cafés auf die Papiertischdecken, um den Teilnehmern die Orientierung zu erleichtern. Für ein World Café wird ähnlich viel Platz benötigt wie für die Round Table Sessions, also etwa 12 qm für jeden Tisch mit zehn Stühlen. Ein World Café mit 60 Teilnehmern und sechs Tischen kann also in einem Raum mit mindestens 70 qm stattfinden.

Tab. 6.1 Setting 1: 60 Teilnehmer, sechs Fragen

Tisch 1	Was zeichnet eine Innovationskultur aus?
Tisch 2	Warum sollten wir innovativ sein?
Tisch 3	Mit welchen Maßnahmen werden wir innovativer?
Tisch 4	Was hindert uns, innovativ zu sein?
Tisch 5	Wie fördern wir systematisch Innovationen in unserem Unternehmen?
Tisch 6	Wie belohnen wir innovative Mitarbeiter?

Tab. 6.2 Setting 2: 60 Teilnehmer, drei Fragen

Tische 1 und 2	Was zeichnet eine Innovationskultur aus?
Tische 3 und 4	Was hindert uns, innovativ zu sein?
Tische 5 und 6	Mit welchen Maßnahmen werden wir innovativer?

6.3.2 Ablauf und Rolle der Gastgeber

Ein World Café dauert zwischen 45 min und 3 h. In diesem Zeitraum bearbeiten die Teilnehmer an den einzelnen Tischen in mehreren aufeinanderfolgenden Gesprächsrunden Fragestellungen, die für sie relevant sind. Jede Gesprächsrunde dauert 15 bis 30 min, üblich sind drei Durchgänge. Nach jedem Durchgang gibt der Moderator des World Cafés ein Signal, die Teilnehmer wechseln die Tische und es ergeben sich neue Gesprächsrunden. Nach Ende der letzten Gesprächsrunde folgt eine abschließende Reflexionsphase. Dabei werden die gesammelten Ergebnisse der einzelnen Tischrunden im Plenum präsentiert und diskutiert.

Zu Beginn des World Cafés versammeln sich die Teilnehmer im Veranstaltungssaal und nehmen an den Tischen Platz. Der Moderator des World Cafés begrüßt die Teilnehmer und erklärt ihnen kurz den Ablauf. Dann erläutert er die Fragestellungen an den einzelnen Tischen und lädt die Teilnehmer ein, sich an die von ihnen bevorzugten Tische zu setzen bzw. sich gleichmäßig auf die verschiedenen Tischrunden zu verteilen. Der Moderator des World Cafés trägt entscheidend dazu bei, von Anfang an eine gute und inspirierende Atmosphäre zu schaffen. Er sollte auch während der Gesprächsrunden präsent sein, zwischen den Tischen umhergehen, für Fragen ansprechbar sein und die Teilnehmer ermutigen, sich einzubringen.

Nun wird an jedem Tisch ein Freiwilliger benötigt, der spontan die Rolle des Gastgebers für diesen Tisch übernimmt. Dieser Gastgeber bleibt während des gesamten World Cafés an demselben Tisch. Die Teilnehmer hingegen sind „Reisende" oder „Meinungs-Botschafter", die nun stufenweise die aufeinander aufbauenden weiteren Stationen des World Cafés durchlaufen. Jeder entscheidet frei, an welchen Tischrunden er teilnehmen möchte. Grundsätzlich ist alles möglich – sogar, dass man mehrmals in der gleichen Tischrunde mitdiskutiert.

In der letzten Phase des World Cafés werden schließlich die gesammelten Ergebnisse präsentiert, die an den einzelnen Tischen entstanden sind. Dazu werden zunächst die Mitschriften auf den Tischdecken an die bereitstehenden Stellwände gepinnt. Dann bringen die Gastgeber die Ergebnisse ihrer Tischrunden auf den Punkt. Abschließend kann der Moderator des World Cafés zusammen mit den Teilnehmern ein Fazit ziehen und den Teilnehmern die Handlungsoptionen auf den Weg mitgeben, die sich aus dem World Café ergeben haben (vgl. Abb. 6.5).

Besondere Verantwortung für das Gelingen des World Cafés tragen die Gastgeber der Tischrunden. Sie bleiben während des gesamten World Cafés an demselben Tisch und beschäftigen sich ausschließlich mit der einen Fragestellung an ihrem Tisch. Aufgabe der Gastgeber ist es, den Teilnehmern vor dem ersten Durchgang Arbeitsweise, Ablauf und Verhaltensregeln zu erklären. Nach jedem Tischwechsel begrüßen die Gastgeber die neuen Teilnehmer an ihrem Tisch, fassen mit wenigen Worten die Ergebnisse der vorherigen Gruppe zusammen und bringen die Diskussion dann erneut in Gang.

Abb. 6.5 Gesammelte Erkenntnisse – vom Gastgeber auf den Punkt gebracht

World Cafés sind dann erfolgreich, wenn es gelingt, eine offene und gastfreundliche Atmosphäre zu schaffen. Jeder Teilnehmer soll einen aktiven Beitrag leisten können. Gleichzeitig muss es erlaubt bleiben, auch einfach nur durch Zuhören teilzunehmen. Und: Die Teilnehmer sollen die Antworten der anderen auf keinen Fall vorschnell bewerten oder aburteilen, sondern sich für andere Sichtweisen öffnen.

Die Gastgeber sind dafür verantwortlich, dass dies gelingt und möglichst alle Teilnehmer der Runde in ein konstruktives Gespräch finden. In dieser Hinsicht sind die sogenannten Café-Etiketten hilfreich, also Empfehlungen für die Teilnehmer von World Cafés. Sie wurden von Juanita Brown und David Isaacs definiert, den beiden Erfindern des Formats:

- Jeder Teilnehmer soll sich auf das fokussieren, was wichtig ist.
- Man soll eigene Ansichten beitragen.
- Man soll mit Herz und Verstand sprechen und hören.
- Man soll hinhören, um wirklich zu verstehen.
- Man soll die entstehenden Ideen verbinden.
- Man soll seine Aufmerksamkeit darauf richten, neue Erkenntnisse und tiefer gehende Fragen zu entdecken.
- Man soll spielen, kritzeln, malen: Es ist erwünscht, auf die Tischdecke zu schreiben.
- Man soll Spaß haben.

Da erfahrungsgemäß nicht alle Gastgeber der Tischrunden diese Etikette kennen, sollte der Moderator des World Cafés sie zu Beginn vorstellen und bei Bedarf zwischendurch daran erinnern. Alternativ hierzu können die Café-Regeln auch ausgedruckt und auf allen Tischen ausgelegt werden. Es liegt dann im freien Ermessen der Gastgeber zu entscheiden, in welchen Situationen sie ihre Gruppe im Sinne der Café-Etikette motivieren.

Die Gastgeber sollen die Café-Etikette dabei nicht als einschränkende Regeln auslegen, sondern sie als Anreiz nutzen, die Teilnehmer zu ermutigen und konzentrierte, kooperative und konstruktive Gesprächsrunden entstehen zu lassen. Insbesondere bei heterogenen Tischgruppen kommt es darauf an, eine ungezwungene Atmosphäre zu erzeugen, in der sich die Teilnehmer – ganz wie in einer entspannten Kaffeehausrunde – trauen, auch unterschiedliche oder gegensätzliche Sichtweisen zu artikulieren.

6.3.3 Entwicklung der Fragestellungen

Relevante Fragen sind ein weiterer Erfolgsfaktor für World Cafés: Je brennender das Interesse an den vorgeschlagenen Fragenstellungen, desto stärker und engagierter wird das Publikum sich einbringen. Daher sollte man sich viel Mühe mit der Konzeption der Fragen geben. Voraussetzung ist ein umfangreiches Branchenwissen und Entscheidungskompetenz. Insbesondere sollte man sehr genau wissen, welche Zukunftsfragen, Umbrüche oder Herausforderungen eine Branche aktuell umtreiben.

Die Programmverantwortlichen eines Kongresses entwickeln zunächst einen Themenschwerpunkt für das World Café und leiten dann den dazugehörigen Fragenkomplex daraus ab. Es empfiehlt sich, die Fragen möglichst konkret, klar und offen sowie gleichzeitig provokant zu formulieren. Die Fragen oder Themen sollten Leben, Arbeit oder aktuelle „Schmerzen" der Zielgruppe betreffen. Sie sollen sie neugierig auf das World Café machen, ihnen einen Nutzen versprechen und sie anziehen. Je konkreter und fachlicher die Fragen, desto anwendbarer sind die gewonnenen Erkenntnisse.

Bei dem bereits erwähnten Beispiel eines Kongresses zur Digitalisierung der Verlagsbranche könnte die übergeordnete Fragestellung eines World Cafés also lauten: „Welche Vertriebsstrategien und -wege werden in Zukunft immer wichtiger?"

Die einzelnen Tischrunden könnten dann z. B. die folgenden untergeordneten Fragen behandeln:

- „Was zeichnet erfolgreiche digitale Publikationen aus?"
- „Was müssen wir tun, um Bedarf und Interesse unserer Leser noch besser kennenzulernen und zu bedienen?"
- „Wie können wir digitale Innovationen im Verlagsbereich noch frühzeitiger aufspüren?"
- „Über welche Kanäle werden wir in fünf Jahren Reichweite erzielen?"
- „Wie gewinnen und behalten wir die Aufmerksamkeit unserer Leser im digitalen Dschungel?"

Dabei empfiehlt es sich, offene Fragen zu stellen, also Fragen, auf die man nicht lapidar mit ja oder nein antworten kann. Denn ein wesentliches Ziel von World Cafés lautet ja gerade, den Dialog unter den Teilnehmern zu stimulieren. Aus eigenem Interesse sollten auch Suggestivfragen daher unbedingt vermieden werden, die bestimmte Antworten oder Ergebnisse schon vorwegnehmen und die Teilnehmer verärgern könnten. Für World Cafés eignen sich am besten die sogenannten

W-Fragen, auf die auch Journalisten ihre Recherchen stützen (Was? Wer? Wo? Wann? Wie? Warum? Woher?). Diese Fragen lassen zahlreiche unterschiedliche Antworten zu, und man lernt mit ihrer Hilfe Wünsche und Meinungen der Gesprächspartner besser kennen.

Bevor die Fragen veröffentlicht werden, sollte ihre Wirkung jedoch zunächst getestet werden, z. B. in Interviews mit ausgewählten Mitgliedern der Zielgruppe, mit dem Fachbeirat des Kongresses oder mit Fachjournalisten. Entscheidend ist, dass die Testpersonen interessiert reagieren und die Relevanz voller Überzeugung bestätigen.

6.4 Round Table Sessions und World Cafés: Wann machen sie Sinn?

Klassische Veranstaltungsformate wie Keynotes, Podiumsdiskussionen, Workshops und Seminare machen die Teilnehmer in aller Regel zu passiven Rezipienten: In vielen Fällen sind sie bei diesen Formaten dazu verurteilt, über Stunden still und beengt zu sitzen und komplexes Expertenwissen aufzunehmen. Nicht selten gehen die Statements der Referenten am Interesse und Bedarf der Teilnehmer vorbei. In wenigen Fällen ermöglichen klassische Formate eine kurze Wortmeldung über das Saalmikrofon – was leider immer wieder von Selbstdarstellern missbraucht wird. Der fachliche Austausch und Networking hingegen bleiben auf die Kaffeepausen beschränkt.

Das ist nicht mehr zeitgemäß. Unsere Gesellschaft diversifiziert und individualisiert sich immer mehr. Beim Veranstaltungsmanagement geht es schon längst nicht mehr nur noch um Management und Abfertigung großer Kollektive. Ausrichtung am Bedarf des Einzelnen und Partizipation sind die Gebote der Stunde. Heute geht es um Nutzerzentrierung, Wissenstausch und Schwarmintelligenz. Und in dieser Hinsicht sind Round Table Sessions und World Cafés die Formate der Wahl (vgl. Abb. 6.6). Denn sie sind kurzweilig, interaktiv und teilnehmerorientiert und brechen damit die klassische Frontaltradition auf.

Round Table Sessions und World Cafés bereichern das Repertoire der klassischen, in aller Regel rein frontalen und auf Wissensvermittlung ausgerichteten Veranstaltungsformate. Sie sind getragen von tiefer Wertschätzung gegenüber den Teilnehmern und sorgen für Erfrischung. Denn diese beiden auf Austausch angelegten Formate machen die Gäste zu Akteuren. Aufgrund ihrer überschaubaren Teilnehmerzahlen gilt dies bei diesen Formaten auch für eher schüchterne oder zurückhaltende Menschen. Indem sie diese Formate anbieten, zeigen Veranstalter, dass sie ihre Teilnehmer ernst nehmen und ihnen eine aktive Rolle zutrauen. Dabei

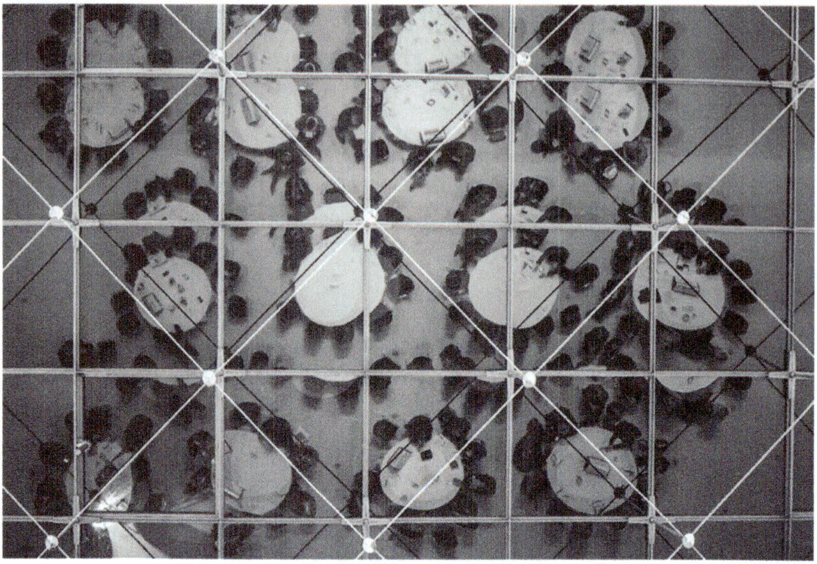

Abb. 6.6 Round Table Sessions und World Cafés bereichern unser Repertoire

verlangen Round Table Sessions und World Cafés von allen Teilnehmern ein gewisses Maß an Selbstorganisation. Doch jeder Einzelne kann stets frei entscheiden, wie stark er sich einbringen möchte.

Alle Kontrollfreaks unter Veranstaltern und Teilnehmern seien jedoch gewarnt: Sie lassen sich auf ein Abenteuer ein. Denn es ist nie genau von vornherein abzusehen, wie eine Session oder ein Café verlaufen wird. Doch genau das ist es, was die Teilnahme für viele so spannend und reizvoll macht. Und schließlich weiß man als Veranstalter auch bei hoch bezahlten Top-Keynote-Speakern vorher nie, ob sie halten was sie versprochen haben.

Außerdem ist der organisatorische Aufwand beider Formate nicht zu unterschätzen; so werden bei Round Table Sessions besonders viele Referenten benötigt, die akquiriert, ausgewählt, gebrieft und vor Ort gemanagt sein wollen. Und für World Cafés sind sinnvolle und durchdachte Fragestellungen zu konzipieren, die den Nerv der Teilnehmer treffen. Doch unter dramaturgischen Gesichtspunkten und als wirksames Gegenmittel gegen Kongress-Langeweile ist es unbedingt zu empfehlen, Round Table Sessions und World Cafés mit klassischen, frontalen Formaten zu kombinieren.

Das ist zum Beispiel spätestens dann der Fall, wenn am ersten Kongressvormittag nach zwei Keynote-Vorträgen die Aufnahmefähigkeit der Teilnehmer rapide abgenommen hat. Dann sorgen Round Table Sessions für frischen Wind: Sie ermöglichen den Teilnehmern, „kleinere" Themen und die Anregungen aus den Hauptvorträgen zu diskutieren und sich themenspezifisch mit anderen zu vernetzen. Gerade am Beginn einer Veranstaltung lernt man auf diese Weise sehr schnell gleichgesinnte Kollegen kennen. Das ist insbesondere für alle diejenigen interessant, die – wie Berufsanfänger oder andere Neulinge – zum ersten Mal an der Veranstaltung teilnehmen und Branchenkontakte finden möchten. Es bietet sich an, für diese Zielgruppen „First Timer Sessions" zu organisieren. Dabei übernehmen erfahrene Veranstaltungsteilnehmer die Rolle von Mentoren für Erstlingsteilnehmer und stellen ihnen z. B. den Kongress und seine Akteure vor. Auch hierfür eignen sich Round Table Sessions perfekt.

Auch World Cafés lassen sich sehr gut als interaktives Angebot in das Programm einbinden. Zum Beispiel immer dann, wenn ein Kongress nach einem „frontalen Vormittag" zu einer drängenden Zukunftsfrage der Branche gekommen ist: Dann bietet es sich an, am Nachmittag ein World Café nach Art eines Think Tanks Antworten finden zu lassen. Bei großen Kongressen mit über 1000 Teilnehmern kann das World Café zum Beispiel nach Art einer Breakout Session parallel zum sonstigen Programmangebot stattfinden. Dann bearbeiten besonders interessierte Teilnehmer diesen Themenkomplex, während die übrigen Teilnehmer gleichzeitig Workshops oder Seminare besuchen. Die Ergebnisse des World Cafés können dann allen Teilnehmern im Plenum der Veranstaltung vorgestellt oder als Mitschrift mitgegeben werden. Oder die Veranstalter nutzen sie als Fazit des Kongresses für ihre Öffentlichkeitsarbeit.

Oliver Panne ist seit 2004 Gründer und geschäftsführender Gesellschafter der SWOP. Medien und Konferenzen GmbH. Davor studierte er Neuere Geschichte, Politikwissenschaften, Publizistik und Spanische Philologie in Freiburg, Madrid und Berlin. Bereits während seines Studiums arbeitete er journalistisch für Print- und TV-Medien. Nach dem erfolgreichen Abschluss seines Studiums war er von 1998 bis 2004 Berater für Public Relations sowie Konzeptions- und Werbetexter für Agenturen und Unternehmen. Mit seinem Unternehmen berät und begleitet Oliver Panne Unternehmen und Verbände bei der Kongressplanung, -vermarktung, -organisation und -revitalisierung.

Weitere Informationen: www.swop-berlin.de

Science Slam als Bereicherung einer Tagung oder Konferenz

7

André Lampe

Zusammenfassung

Das Format Science Slam existiert seit 2006 und wurde von Alexander Dreppec in Darmstadt erfunden. In kurzen, populärwissenschaftlichen Vorträgen erklären Wissenschaftler ihre eigene Forschung, das Publikum feiert am Ende den besten Vortrag durch tosenden Applaus. In den letzten Jahren wuchs die Anzahl der Veranstaltungen stetig, denn auch für eine Konferenz oder Tagung kann ein Science Slam eine Bereicherung darstellen, und nicht bloß einen Programmpunkt zur Unterhaltung.

Ich berichte hier von meinen Erfahrungen aus über fünf Jahren Science-Slam-Aktivität, sowohl auf, neben und hinter der Bühne. Bisher ist dieses Feld in der Literatur kaum vertreten. Ich möchte Ihnen daher einen Überblick über die Mechanismen dieses Formats geben und versuchen, einige Dinge klarzustellen, die mit dem Grundgedanken von Science Slam zu tun haben.

7.1 Einführung

► Ein Science Slam ist ein Vortragswettbewerb zwischen (jungen) Wissenschaftlern, die über ihre eigene Forschung vortragen, dazu 10 min Zeit haben, und alle verfügbaren Hilfsmittel benutzen dürfen. Am Ende entscheidet das Publikum über den Gewinner des Science Slams.

A. Lampe (✉)
Berlin, Deutschland
E-Mail: theoneandonlylampe@gmail.com

T. Knoll (Hrsg.), *Neue Konzepte für einprägsame Events*,
DOI 10.1007/978-3-658-10155-8_7

Das sind die Regeln eines Science Slams – ein paar wenige Bedingungen. Jede Einzelne ist für den Erfolg des Formats wichtig und macht auch den besonderen Charme dieser Veranstaltung aus. Daher möchte ich an dieser Stelle diese Regeln Stück für Stück auseinandernehmen, die Hintergründe aufzeigen und Ihnen auch meine Erfahrungen und Einschätzungen dazu mitteilen.

Science Slams zeichnen sich glücklicherweise durch eine hohe Resonanz der Zuschauer aus, was für ein wissenschaftliches Format nicht selbstverständlich ist. In Deutschland gibt es mehr als 50 regelmäßig stattfindende Science Slams, dazu eine Vielzahl einmaliger Veranstaltungen zu besonderen Anlässen, auch sind Slams fester Bestandteil von so gut wie jeder „Langen Nacht der Wissenschaften" geworden. Zum Beispiel gab es zur „Langen Nacht der Wissenschaften Berlin 2015" neun verschiedene Science Slams nahezu zur selben Zeit über das gesamte Stadtgebiet verteilt. Oder, um ein weiteres Beispiel zu nennen, der Science Slam in der Centralstation in Darmstadt, der Mutterstadt des Science Slams, seit 2006 so gut wie immer ausverkauft, zuletzt mit bis zu 800 Besuchern. Wie eine Science-Slam-Veranstaltung von der Bühne aus aussieht, sehen Sie in Abb. 7.1:

Warum das große Interesse der Besucher ungebrochen ist, liegt vor allem am Wettbewerbscharakter und der Zuschauerpartizipation des Formats. Auch in der obigen Regeldefinition bilden „Vortragswettbewerb" und „Am Ende entscheidet das Publikum" eine Klammer um die restlichen Regularien. Ganz zu recht: Gerade

Abb. 7.1 Blick von der Bühne

die Verantwortung an das Publikum zu geben, die Wissenschaftler zu bewerten, sorgt für die Bildung einer Stammbesucherschaft, aber auch für eine unaufdringliche Wissensvermittlung. Insbesondere wenn das Publikum die Bewertungsverantwortung hat, wird kritischer zugehört und ganz natürlich versucht, mehr zu verstehen, damit man zu einer passenden Bewertung kommen kann.

Ich hatte schon Erlebnisse bei Science Slams, die mich als Wissenschaftskommunikator sehr gefreut haben. Während der Pause eines Slams haben sich zwei Herren gesetzteren Alters an der Theke unterhalten. Dabei hörte ich den folgenden Gesprächsfetzen: „Hast du das mit der DNA-Transkription eben gut verstanden? Ich hab da so meine Probleme mit. Ich verstehe nicht, warum da jemand acht Punkte gibt. Ich hätt' sechs gegeben!" Daran merkt man, dass Fragen offen geblieben sind und es wird dann darüber diskutiert, und zwar von einer Zielgruppe, die man unter Umständen nicht einmal als Empfänger dieser Sachverhalte im Hinterkopf hatte. Das ist mit einer unaufdringlichen Wissensvermittlung gemeint, wenn Menschen über DNA-Transkription diskutieren, weil sie mit einer Bewertung eines Vortrages nicht zufrieden sind. Natürlich können ebenso gut hervorragend erklärte Sachverhalte die Gespräche der Besucher befeuern. Der Effekt, das Publikum quasi als Souverän der Veranstaltung zu behandeln, ist nicht hoch genug einzuschätzen. Im Kontext einer Tagung oder Konferenz kann dies allein schon die Kontaktaufnahme zwischen den Besuchern beflügeln. Einige Methoden dazu finden sich im dritten Abschnitt über die unterschiedlichen Bewertungssysteme.

Der Wettbewerb unter den Teilnehmern ist nicht weniger wichtig, aber eben auch vorrangig für das Publikum. Für viele Wissenschaftler ist am Anfang ein Gegeneinander sehr gewöhnungsbedürftig. In den meisten Fällen gehen Science Slammer allerdings mit einer „Wir alle gegen das Publikum"-Einstellung auf die Bühne. Schließlich sind Slammer in der Regel begeistert von ihrem Thema und möchten ihre Begeisterung teilen. Wenn man als Teilnehmer auf andere Wissensvermittlungsbegeisterte trifft, führt das eher zu einer Sympathie als zu einem wirklichen Wettstreit. Der Wettbewerbscharakter ist also vor allem aufgrund der so erzielten Publikumsbeteiligung als Bewertungsform gegeben und hat nicht den Sinn, den besten Wissenschaftskommunikator zu küren. Meiner Auffassung nach sind auch jene Slammer fehl am Platz, die einen besonderen Ehrgeiz zum Gewinn eines Slams entwickeln. Viele der aktiven Slammer wären schon längst nicht mehr auf den Bühnen im deutschsprachigen Raum zu finden, wenn der Erfolg ihre Hauptmotivation wäre. Behalten Sie dies im Hinterkopf. Im dritten Abschnitt über „Fahrtkosten, Gage und Gewinne" werde ich diesen Aspekt erneut aufgreifen.

Dass ein Wissenschaftler bei einem Science Slam über die eigene Forschung reden muss, ist eine überaus wichtige Regel, kann aber im Kontext einer Tagung oder Konferenz durchaus lockerer gesehen werden. In der „freien Wildbahn" ist die Verpflichtung über die eigene Forschung zu reden vor allem deswegen wichtig, damit Pseudowissenschaftliches und Nichtevidenzbasiertes aus diesem Veranstaltungsformat herausgehalten wird. Ich habe bereits als Teilnehmer und als Moderator erlebt, dass ein Slammer sich plötzlich als Geistheiler oder vermeintliche Wiedergeburt von Nikola Tesla aufspielte und folgerichtig vom Wettbewerb ausgeschlossen wurde. Generell handhaben es die meisten Veranstalter so, dass jemand zumindest eine Haus-, Bachelor- oder Masterarbeit zum Thema geschrieben haben sollte, also in irgendeiner Form wissenschaftlich am Thema gearbeitet hat. Somit liegt die Entscheidung über die Wissenschaftlichkeit eines Vortrages nicht in der Willkür der Veranstalter, sondern kann sich auf die Qualitätssicherung in wissenschaftlichen Institutionen berufen. Diese klare Definition hat beim Abweisen von oben beschriebenen „Geistheilern“ geholfen und dient generell dem Format an sich. Ein Mindestmaß an Wissenschaftlichkeit ist also eine wichtige Voraussetzung für den Slam, was vor allem mit der Forderung nach dem Erklären der eigenen Forschung erreicht wird. Diese feste Vorgabe für Teilnehmer an einem Slam hat zur Folge, dass man nicht unbedingt zu jedem Thema Slammer findet. Warum man demzufolge von Themen-Science-Slams eher absehen sollte – und warum das ein Vorteil ist –, wird im Abschnitt zwei „Wie passt ein Science Slam in eine Konferenz oder Tagung?“ diskutiert.

Eine Zeitbegrenzung von 10 min mag den ein oder anderen eventuell an einen Politiker erinnern, der in einer grammatikalisch interessant gestalteten Rede den Münchener Hauptbahnhof als Tor zum Flughafen umdeuten wollte. 10 min also. 10 min Zeitbegrenzung. Hier mag das ein oder andere Mal der Wunsch aufkommen, einem Science Slammer oder einem anderen, brillanten Vortragenden mehr Zeit geben zu wollen, aber ein gut orchestrierter Vortrag, der in 10 min sowohl Wissen als auch Emotionen zu vermitteln vermag, ist durch erheblichen Arbeitsaufwand entstanden. Durch mehr Zeit wird ein Vortrag nicht unbedingt besser, denn gerade die Verknappung eines Themas macht den Reiz eines Science Slams aus. Ebenso ist es ein Gebot der Fairness gegenüber den anderen Vortragenden, sich daran zu halten. Daher ist es relativ wichtig, dass der Moderator des Slams darauf achtet, dass die Zeit auch eingehalten wird und unter Umständen einen Vortrag auch abbricht. Und ganz nebenbei haben Sie in diesem Absatz auch ein Beispiel für die unaufdringliche Wissensvermittlung bekommen, die ich oben bereits erwähnte. Ich hätte nicht auf lang vergangene Ereignisse aus dem Freistaat Bayern eingehen müssen, aber mit diesem kurzen Bild am Anfang des Absatzes wird es Ihnen ab jetzt sehr schwerfallen, die Zeitgrenze von 10 min zu vergessen.

Der Hinweis darauf, dass beim Science Slam alle möglichen Hilfsmittel benutzt werden dürfen, ist durch die enge Verwandtschaft zum Poetry Slam begründet. Bei Letzterem sind Hilfsmittel bis auf Textzettel und Mikrofon verboten. Das Poetry-

Slam-Regelwerk will so erreichen, dass sich die bewertenden Zuschauer auf Text und Vortrag konzentrieren. Beim Science Slam hingegen liegt der Fokus auf der Wissensvermittlung und ist durch die Regel „Wissenschaftler stellen eigene Forschung vor“ fixiert. Eine weitere Einschränkung der Hilfsmittel würde nicht dazu beitragen, dass mehr Wissen vermittelt wird, sondern das Gegenteil wäre der Fall. Da bereits das Hauptaugenmerk des Formates definiert ist – über die eigene Forschung sprechen –, soll der Hinweis, auch Experimente auf der Bühne darstellen zu können, eher dazu einladen, Wissen deutlicher und eingängiger zu vermitteln. Mittlerweile hat sich die Verwendung von Powerpoint-Präsentationen mit einer Bildsprache als De-Facto-Standard etabliert. Dies ist aber keineswegs notwendig. Auch ein Vortrag in freier Rede, eventuell ergänzt durch eine Vorführung, kann genau das Richtige für ein Thema sein. Überraschend viele unterschiedliche Hilfsmittel und Vortragsarten haben schon das Scheinwerferlicht einer Bühne erblickt, angefangen bei bebildertem Gedichtvortrag, Sprechgesang zu einem Video, live auf der Bühne eine organische Leuchtdiode bauen oder auch ein Dialog zwischen Wissenschaftlern unterschiedlicher Disziplinen, die einfach nicht auf einen Nenner kommen wollen.

Wenn man sich bei YouTube oder anderen Videoplattformen umschaut, dann findet man vor allem Naturwissenschaftler, die auf lustige und unterhaltsame Art und Weise ihre Forschung erklären. Es kommen zwar auch Experimente vor, aber es stellt eher die Ausnahme als die Regel dar. Es gibt aber mehr und mehr Science Slammer aus Nicht-Naturwissenschaften, die es ebenfalls schaffen, das Publikum für ihr jeweiliges Thema zu begeistern. Ich möchte die Gelegenheit an dieser Stelle nutzen und deutlich machen, dass Science Slam immer noch ganz am Anfang steht. Vielleicht haben viele Naturwissenschaftler Erfolg, weil sie für ihr Thema hierbei die Notwendigkeit für schräge und unterhaltsame Vergleiche haben – was durchaus Begeisterung auslösen kann. Bei einem Format, das noch nicht mal in der Pubertät steckt, heißt das längst nicht, dass Naturwissenschaftler dominieren müssen. Ich bin der festen Überzeugung, dass jede Art von Emotion bei Science Slams funktioniert, und warte gespannt auf den Tag, an dem ein Geisteswissenschaftler durch ein ernstes und betroffen machendes Thema einen Slam gewinnt. Das ist deutlich schwieriger als lustig zu sein, und ist auch ein schmaler Grat, aber ich denke, dass es möglich ist. Im Science Slam liegt noch viel Potenzial verborgen.

Fazit

Die Regeln des Science Slams sind nicht willkürlich festgesetzt worden. Hinter jeder Regel stecken ein Sinn und Erfahrungen von vergangenen Veranstaltungen. Sie können Regeln ändern, aber nennen Sie es dann nicht „Science Slam“, bitte. Alternativen gibt es viele, von Lightning Talk über Pecha Kucha bis Speakers’ Corner.

7.2 Wie passt ein Science Slam in eine Konferenz oder Tagung?

Grundsätzlich dürfte diese Überschrift lediglich eine rhetorische Frage sein. Science Slam ist ein erfolgreiches Veranstaltungsformat und kann auf jeder Tagung oder Konferenz zum gemütlichen oder unterhaltsamen Programmteil beitragen. Allerdings können auch Synergien aus diesem Vortragsformat entstehen, die auf den ersten Blick nicht offensichtlich wären. Folgen Sie mir in ein vollkommen frei erfundenes Beispiel für eine Tagung zum Thema „Laserstrahlen im Wandel der Zeit“:

Beispiel: Tagung mit Laser-Science-Slam

Die Tagung „Laserstrahlen im Wandel der Zeit“ wurde vom Industrieverband Gut Beleuchtet e. V. und vom Exzellenzcluster „Photonen sind auch nur Quanten“ der FH Poofingen (an der Zichte) organisiert. Das Programmkomitee hatte Vorträge von Wissenschaftlern und Firmen im Programm, die neue Entwicklungen im Laserbereich vorstellten, Fachleute für Arbeitssicherheit, Materialexperten und Praktiker waren am Rednerpult zu Gast. In den Tagungsräumen konnten sowohl Nachwuchsingenieure als auch Firmen ihre neuen Entwicklungen und Produkte den Tagungsbesuchern vorstellen. Am ersten Abend der Tagung war ein Dinner geplant, das unter dem Motto „Mit Lasern gegrillt“ stand, gesponsert durch die Firma Todeslaser GmbH & Co. KG. Am zweiten Veranstaltungstag der dreitägigen Tagung klaffte am Abend noch ein Loch im Zeitplan, der sonst reichhaltig mit informativen Veranstaltungen gefüllt war. Im Programmkomitee gelangte man zum Entschluss, dass man doch mal dieses neue, hippe Ding, diesen Science Slam, da ausprobieren könnte. Zum Glück kannte sich die Schwägerin eines der Programmkomiteemitglieder ein wenig mit dem Thema aus, und so wurde ein Science Slam nach den allgemein üblichen Regeln geplant. Ganz wollte das Komitee aber nicht auf einen thematischen Fokus verzichten, allerdings wurden mahnende Hinweise ernst genommen, und die thematische Festlegung beschränkte sich auf „Hauptsache, der Vortragende macht irgendwas mit Lasern“. Rückblickend betrachtet war das schon fast zu viel Beschränkung, da es sich als überaus schwierig darstellte, mehr als drei Slammer für den Abend aufzutreiben, die irgendwas mit Lasern machten. Nicht zuletzt war es dem Moderator des Abends zu verdanken, der sich in der Science-Slam-Szene auskannte, dass genug Auftretende zugegen waren. Der Science Slam als Abendveranstaltung der Tagung „Laserstrahlen im Wandel der Zeit“ war ein voller Erfolg und sorgte für viel Begeisterung bei den Tagungsteilnehmern. Dem Slam schlossen sich noch einige Gespräche bei Kaltgetränken an und es wurde auch mit den Slammern selbst gefachsimpelt – schließlich passierte es nicht oft, dass man Aspekte des Geschäftsfelds „Laser" so gut erklärt bekommt, dass die eigenen Eltern endlich auch verstehen würden, womit man seine Brötchen denn genau verdient. Einigen gaben die kurzen, unterhaltsam aufbereiteten Beiträge einen neuen Blickwinkel auf das Feld, und manch einer wünschte sich, dass bereits auf dem Diskussionspanel am Vortag der ein oder andere Slammer zugegen gewesen wäre. Zwei der drei Slammer blieben noch einen Tag länger und bereicherten einige Vorträge mit interessierten Nachfragen und wirkten bei den Kaffeepausen als Katalysator für das Vernetzen.

Ich hoffe, dass dieses Beispiel die zwei Dinge getan hat, die ich damit beabsichtigt habe: Es sollte klar geworden sein, dass Science Slammer auch eine Tagung über ihren Einsatz im Rahmenprogramm hinaus bereichern können. Nicht nur bei einer bestimmten Fokussierung auf ein Thema trifft das zu, sondern ist auch allgemein gültig, da Slammer sich immer auch mit dem Erklären ihrer Themen beschäftigt haben. Ich mag hier nicht von „Kommunikationsprofis" sprechen, aber die Freude an Kommunikation kann viel für die generelle Stimmung auf einer Tagung leisten. So könnte auch eine Ankündigung, „So einen Science Slam wird es nächstes Jahr wieder geben", bestimmt einen Teil dazu beitragen, dass kommende Save-the-Date-Mails wirklich registriert werden. Meine andere Absicht, die sich hinter diesem Beispiel versteckte, war die Unterhaltung. Ich gestehe Ihnen das hier ganz offen, ja, ich habe einige Zeilen verschwendet, um Ihnen ein Bild zu malen, in das man sich ein wenig hineinversetzen konnte und Sie vielleicht zum Schmunzeln brachte. Aber auch, um meinen Traum vom Grillen mit Laserstrahlen vielleicht an irgendeiner Stelle auf fruchtbaren Boden fallen zu lassen. Ganz bewusst habe ich hier einen Rückgriff auf das Beispiel gemacht. Die Geschichte vom Grillen mit Lasern und vom verantwortlichen Sponsor Todeslaser GmbH & Co. KG war so gewählt, um etwas Prägnantes zu schaffen, der Rückbezug versetzt Sie erneut in das Beispiel mit dem Gefühl, ein wenig amüsiert worden zu sein. Den gleichen Effekt kann ein Science Slam für Ihre Konferenz haben. Mit Bedacht vorbereitet kann so eine Stimmung auf der Konferenz und letztlich eine Erinnerung an die Veranstaltung geschaffen werden, die zwar schwer zu greifen, aber deutlich positiv belegt ist.

Ich möchte aber nicht auf dieser subtilen Ebene bleiben, sondern auch die Mechanismen dahinter auseinandernehmen. Zunächst mögen Sie mir den Hinweis auf einen Moderator verzeihen, der sich in der Science-Slam-Szene auskennt. Falls Sie hier an der Notwendigkeit zweifeln, möchte ich Ihnen das Thema Nachhaltigkeit zu bedenken geben. Dass Science Slam zu einem recht erfolgreichen

Veranstaltungsformat geworden ist, liegt an einer Vielzahl von Organisatoren, Moderatoren und nicht zuletzt Slammern, es liegt aber auch an der Poetry-Slam-Szene, die Besucher erst für den Begriff „Slam" sensibilisiert haben. Man könnte hier das Bild der Wissenschaftler bemühen, das „Standing on the shoulders of giants" – Wissenschaftler können ihre Forschung im Rahmen des Science Slam auf einer Bühne erklären, weil viele Menschen aus ganz anderen Bereichen dafür den Weg geebnet haben. Auftretende Wissenschaftler für einen Slam auf Ihrer Tagung brauchen Sie sowieso, warum nicht auch den Moderator aus dieser Szene wählen, der Sie auch schon bei der Konzeption dieses Programmpunktes unterstützen kann? Dieser wird in der Regel schon einige passende Science Slammer kontaktieren können, die genau zu dem passen, was Sie sich für Ihre Veranstaltung gedacht haben. Hier wird Ihnen die ein oder andere Synergie aufgezeigt werden, an die Sie noch gar nicht gedacht hatten. Schließlich birgt jedes Thema und jeder Charakter, der seine Füße auf eine Science-Slam-Bühne setzt, eine Unmenge an Anknüpfungspunkten und überraschenden Sichtweisen. Daher möchte ich Ihnen empfehlen, das Rad nicht neu zu erfinden, sondern die Kooperation zu suchen. Wenn Sie dann diesen Ansatz das dritte Jahr infolge gewählt haben, wird man eventuell auf Sie zukommen in Sachen Science Slam. Kooperation besteht ja immer aus einem wechselseitigen Geben und Nehmen. Das meinte ich mit Nachhaltigkeit.

Meistens ist das Thema einer Konferenz oder Tagung nicht gerade weit gefasst, daher kann ich den Wunsch von manch einem Veranstalter nach einer thematischen Ausrichtung eines Science Slams durchaus nachvollziehen. Die Regeln schreiben aber einen relativ engen Rahmen für Slam-Vorträge vor, nämlich dass ein Slammer nur über seine eigene Forschung berichtet. Sicher muss man das nicht so eng sehen, wenn man einen Slam im Rahmen einer Tagung stattfinden lässt, aber Teilnehmer mit passenden Themen zu finden kann trotzdem schwierig werden, egal wie weit man den Rahmen fasst. Kaum jemand, der Science Slam macht, wird sich für eine einzige Veranstaltung einen eigenen Vortrag basteln, schließlich sind Slammer immer auch Wissenschaftler, deren Tagesfreizeit begrenzt ist. Versuchen Sie von Ihrem Tagesgeschäft einen Schritt zurückzutreten und fragen Sie sich, ob eine thematische Ausrichtung mehr bewirken würde als eine Zeile im Programm, über die Sie sich besonders freuen können. Auch wenn es sich um eine Tagung zum Thema Laser handelt, so kann auch ein Slam-Beitrag einer Archäologin faszinierend sein oder der eines Philosophen über das Wesen der Kreativität. Und das ohne das Profil der Tagung in irgendeiner Weise zu schwächen.

Diese beiden Beispiele habe ich nicht ohne Grund ausgewählt. Im Fall der Archäologin habe ich die lasergestützte Bodenfernaufklärung im Hinterkopf, die mir erst vor Kurzem beim Science Slam nähergebracht wurde, und auch beim Philosophen weiß ich über seine starke Meinung zur Verwendung von Laserpointern im Schulunterricht Bescheid. Also können auch Teilnehmer, die auf den ersten Blick thematisch unpassend erscheinen, etwas zum Thema beitragen, und zwar aus einer Richtung, die überraschend ist. Aber selbst wenn das nicht der Fall sein sollte, so kann es sicher nicht schaden, zum Beispiel kommunikationsfreudige Geisteswissenschaftler auf einer Tagung der Life Science dabei zu haben, Grundlagenforscher einmal auf eine Ingenieurskonferenz zu bringen oder versierte Experimentatoren aus Uni-Laboren auf Marketingfachleute treffen zu lassen. Die Kombinationen scheinen exotisch, aber wenn Vorträge auf einer Bühne gehört wurden, ist eine launige Unterhaltung beim Kaffee oder Bier nicht mehr weit. Selbst wenn sich keine thematischen Synergien oder neue Blickwinkel auf ein Thema ergeben, kann dies doch ein Alleinstellungsmerkmal einer Tagung sein.

Im Prinzip kann man einen Science Slam „mal eben schnell“ organisieren, aber es lohnt sich durchaus, relativ früh mit den Planungen anzufangen, um positive Effekte für die gesamte Tagung zu erhalten. Denn gerade wenn man sich an jemanden aus der Szene wendet, zum Beispiel an einen Moderator, werden erst im Laufe der Planungen Synergien deutlich. Handelt es sich um Konferenzen mit wissenschaftlichem Bezug, könnte es ja durchaus auch sein, dass man nicht nur Teilnehmer für einen Slam findet, sondern dass auch Abstracts für reguläre Beiträge der Konferenz von den angefragten Wissenschaftlern eingereicht werden. Als kleine Faustregel in diesem Fall dann vielleicht: Um den Science Slam kümmern, bevor die Deadline für Beitragseinreichungen gekommen ist. Und vielleicht findet sich dann noch ein Keynote Speaker, den man ebenfalls zur Teilnahme am Science Slam bewegen kann – ein charmanter Gedanke, finden Sie nicht?

7.3 Irrungen und Wirrungen

7.3.1 Bewertungssystem

Oft ist es schwer, sich an das kompetitive Erscheinungsbild von Science Slams zu gewöhnen, zumal es bei unterschiedlichen Veranstaltungen die verschiedensten Bewertungssysteme gibt. „Wie schafft man es, dass dieser Wettbewerb möglichst fair abläuft?“, ist vielleicht eine Frage, die man sich stellt. Meine klare Antwort darauf wäre ein deutliches „Das schafft man nie!“, und bedarf wohl noch einiger Erklärung. Die Hintergründe zum Wettbewerbscharakter des Slams habe ich be-

Abb. 7.2 Bewertungssystem

reits im ersten Abschnitt dieses Textes herausgestellt. Warum aber ein Bewertungssystem niemals wirklich fair sein kann, möchte ich auch noch kurz diskutieren.

„Wer anfängt hat es immer schwer“ ist fast schon eine Binsenweisheit bei jeglicher Form des Slams, sei es Science oder Poetry. Wenn man eine Bewertung nach jedem einzelnen Vortrag vom Publikum entgegennimmt, verlangt man gerade nach nur einem Vortrag fast Unmögliches von den Zuschauern. Schließlich soll eine Wertung gegeben werden, ohne dass es einen Vergleich zu einem anderen Vortrag gibt (vgl. Abb. 7.2). Nehmen wir für diesen Fall einmal zwei Beispiele mit einem Punktesystem:

Beispiel: Der Letzte ist der Erste

Der erste Teilnehmer beim Science Slam ist mit Erfahrung und einem starken Vortrag ausgestattet und konnte bereits einige Science Slams für sich entscheiden. Nach seinem Vortrag wird vom Publikum eine Zahlenwertung verlangt. Zehnmal Punktewertungen von eins bis zehn sind möglich. Obwohl es sogar zweimal Zwischenapplaus gab, vergibt das Publikum im Schnitt acht Punkte. Zwar weist der Moderator des Abends darauf hin, dass man diese erste Wertung als Maßstab im Hinterkopf behalten sollte, aber je länger der Abend wird, bei weiteren durchaus ebenbürtigen Beiträgen, klettern die Punktewertungen noch etwas rauf, bis beim letzten Vortragenden viermal zehn Punkte aus dem Publikum zu sehen sind. Was das Publikum nicht weiß: Genau vor einer Woche haben sich der Erst- und Letztauftretende schon einmal auf einer Science-Slam-Bühne gesehen. Nur war ihre Auftrittsreihenfolge genau die Gegenteilige, und auch dort hatte der Teilnehmer mit dem letzten Startplatz Zehn-Punkte-Wertungen und den Sieg davongetragen.

Beispiel: Punktgleichheit

Der erste Teilnehmer ist auch gleich der „Neue", sein erster Selbstversuch auf der Science-Slam-Bühne steht bevor. Einige Metaphern in seinem Vortrag hinken noch gewaltig, der Mittelteil enthält noch zu viele Fachwörter und auch die Kurve zu einem Fazit am Ende hat mehr Ecken und Kanten als für eine Kurve gut sein kann. Trotzdem endet er seinen ersten Auftritt mit einem erleichterten Lächeln und erhält vom Publikum im Durchschnitt sieben Punkte, mit Einzelwertungen von sechs bis acht Punkten. Für das Publikum fühlte es sich beim ersten Teilnehmer einfach auch nicht richtig an, lediglich fünf Punkte zu geben, den Grundgedanken seiner Forschung hat man ja durchaus nachvollziehen können. Die Tatsache, dass nach dem Debütanten nur noch gestandene Slammer folgen, welche schon mehrere Titel und Auszeichnungen ihr Eigen nennen, kennen die Zuschauer nicht. Das Publikum hat bei den folgenden, deutlich besseren Vorträgen, lediglich noch die Neun- und Zehn-Punkte-Karte zur Verfügung. Am Ende des Abends teilen sich jeweils zwei Slammer den ersten und den zweiten Platz – wegen Punktgleichheit.

Ein Science Slam ist eine sehr dynamische Angelegenheit, und man weiß nie, was kommt. Bei den Beispielen handelte es sich immer um ein Bewertungssystem mit Punkten von eins bis zehn, wobei zehn Menschen aus dem Publikum bewerten durften. Dass bei so einer Bewertungsweise der Letzte im Starterfeld einen Vorteil hat, ist wenig überraschend, genau wie die Möglichkeit, dass durch eine hohe, erste Wertung alle nachfolgenden Bewertungen nah beieinander liegen können. Ich bin ein großer Freund dieses Bewertungssystems, und um zumindest letztgenanntes Problem etwas abzufedern, bietet es sich an, die ersten beiden Slammer auftreten zu lassen und dann Bewertungen von jedem einzelnen nach dem zweiten Vortrag vom Publikum abzufragen. Bei so einer Bewertung mit Wertungstafeln kann man die Publikumsbeteiligung noch erhöhen, in dem man zunächst die Wertungstafeln verteilt, aber den gerade gekrönten Jurymitgliedern sagt, dass sie nach jedem Vortrag eine Minute Zeit haben, um sich mit ihren nächsten zehn Umsitzenden zu beraten. Mit diesem Prinzip habe ich schöne Erfahrungen gemacht, auch die, dass sich Menschen in der Pause oder nach dem Slam noch weiter über die Bewertungen unterhalten und damit eben auch reflektieren, was inhaltlich geboten worden ist.

Es gibt aber noch eine Fülle weiterer Bewertungsmethoden. Die Variante, dass man nach dem Ende des letzten Vortrages das Publikum per Applaus bestimmen lässt wer gewonnen hat, ist mir nicht besonders lieb. Für den Auftretenden ist das ein sehr diffuses Feedback, verglichen zu der Punkte-Variante. Aber auch bei diesem System haben es die Slammer mit Startplatz eins sehr schwer. Wenn die Veranstaltung nach 2 h ihr Ende findet, ist beim Publikum die Erinnerung an die letzten paar Auftretenden deutlich frischer. Auch bei der Verwendung eines Applausometers kann man nicht direkt von einer objektiven Bewertung sprechen, denn eine technisch korrekte Anwendung in einer Veranstaltungssituation bedarf größerer Vorbereitungen und vor allem der Voraussetzung, dass in den ersten Reihen niemand sitzt, der genau weiß, wie man mit Lautstärkespitzen die Wertung manipulieren könnte. Die Problematik des ersten Startplatzes bleibt somit auch bei einem Punktesystem bestehen, das nach allen Vortragenden abfragt.

Ein andere Bewertungsmethode wären kleine Gegenstände wie Murmeln oder Unterlegscheiben oder dergleichen. Damit wird nach dem Slam für jeden Zuschauer die Gelegenheit geboten, dem jeweiligen Favoriten eine Stimme zu geben. Um eine etwas größere Streuung zu erreichen – oder anders ausgedrückt: zu vermeiden, dass jemand ohne eine einzige Murmel dasteht –, kann man bei dieser Methode auch zwei oder drei Stücke Abstimmungsgerät austeilen lassen. Aber auch hier bleibt die Problematik des ersten Startplatzes bestehen. Zwar geht eine Auswertung relativ schnell (wiegen der Murmeln, stapeln der Unterlegscheiben auf einer Stange), aber der Abstimmungsprozess am Ende kann auch bei wenigen Zuschauern nicht gerade wenig Zeit erfordern.

Zusammenfassend kann man sagen, dass Slam immer etwas ungerecht ist, aber man viele dieser Vor- und Nachteile für einzelne Starter ausbügeln kann, wenn man einen fähigen Moderator hat. Für jeden Teilnehmer gleiche Startbedingungen zu schaffen und auch die Bewertung immer wieder anzusprechen, ohne aufdringlich zu sein, bedarf Erfahrung und ein wenig Fingerspitzengefühl.

Noch ein kurzer Kommentar zur Reihenfolge der Startplätze: In der Regel ist es so, dass am Anfang der Veranstaltung gelost wird, welcher Slammer an welcher Stelle des Abends an der Reihe ist. Nicht jeder Slam folgt dieser Praxis, aber es vermittelt einen zusätzlichen Eindruck von Transparenz. Wenn schon das Publikum über Wohl und Wehe der Slammer entscheiden wird, kann man den Souverän des Abends auch am Zustandekommen der Startreihenfolge teilhaben lassen.

Eine Bewertung des Science Slams durch das Publikum kann man organisieren wie man es mag und für richtig hält, als kleinen Tipp möchte ich Ihnen aber Folgendes mit auf den Weg geben:

- Wählen Sie ein Bewertungssystem, das dem Publikum Freude macht, bei dem es miteinander interagieren kann und das schnell und einfach auszuwerten ist. Halten Sie sich nicht damit auf zu versuchen, das Bewertungssystem „fair" zu gestalten – Slam ist niemals fair.

7.3.2 Fahrtkosten, Gage und Gewinne

Veranstaltungen zu organisieren und durchzuführen kostet Geld, es bringt aber auch Geld durch den Eintritt zur Veranstaltung und eventuell durch Sponsoren. Bei regulären Science Slams, bei denen man sich für eine Vorrunde für die Deutschen Meisterschaften qualifizieren kann, werden in der Regel Fahrtkosten erstattet und sich auch um eine Unterkunft gekümmert. Und dabei handelt es sich dann eben immer noch nicht um die viel zitierte „Nullnummer", schließlich muss ein Slammer sich unter Umständen Urlaub nehmen oder einen Tag mit Veranstaltungen an der Uni sausen lassen, um bei einem Slam aufzutreten, jedenfalls wenn die Anreise ein wenig länger gedauert hat. Die Möglichkeit, sich eventuell bei so einem regulären Slam für den Weg zu den Deutschen Meisterschaften zu qualifizieren, wiegt das auch nur bedingt auf.

Wenn Sie auf einer Tagung oder Konferenz einen Science Slam einbauen wollen, denken Sie über eine zusätzliche Aufwandsentschädigung nach. Damit wird es Ihnen auch leichter fallen, Slammer für Ihre Tagung oder Konferenz zu gewinnen. Geht man an diese monetäre Frage mit dem Nachhaltigkeitsgedanken heran, wird eine Gage den ein oder anderen Teilnehmer sicher auch dazu bewegen, im nächsten Jahr wiederzukommen. Das kann durchaus von Vorteil sein, wenn Sie mit einem oder zweien aus dem Starterfeld jemanden gefunden haben, die oder der Ihre Veranstaltung über den Science Slam hinaus bereichern kann. Eine kleine Einschätzungshilfe, um die Kosten für den Unterhaltungsaspekt von Science Slam in Relation zu setzen:

- Ein durchschnittlicher Zauberer für eine Hochzeit kostet 1000 € pro h.

Man mag vielleicht auch der Idee anhängen, dass die Gelegenheit, bei dieser renommierten Konferenz beim Science Slam dabei zu sein, schon Ehre genug darstellt, schließlich können sich dann die Leute auf der Bühne präsentieren und werden gesehen, das ist doch schon fast so etwas wie Geld. Das ist übrigens eine Überzeugung, mit der auch viele Musiker zu kämpfen haben, jeder sogar, der in irgendeiner Form etwas nicht Gegenständliches produziert. Versuchen Sie einmal in ein Bekleidungsgeschäft zu gehen und einige Stücke ohne Bezahlung mitzunehmen. Das Argument, dass Sie durchaus in der Öffentlichkeit bekannt sind, und dass es doch auch Werbung für den Laden ist, wenn Sie die Kleidung daraus in der Öffentlichkeit tragen, wird Ihnen nicht wirklich weiterhelfen, den Ladenbesitzer zu beruhigen, während Sie darauf warten, dass Beamte der Exekutive eintreffen.

Da der Science Slam ein Wettbewerb ist, sollte der Sieger auch einen Gewinn erhalten. Bevor Sie sich hier in Kosten stürzen, denken Sie bitte vorher über die oben angesprochene Gage für alle Teilnehmer nach. Auch wenn Sie hier vielleicht den öffentlichkeitswirksamen Riesen-Papp-Scheck im Hinterkopf haben und das medienträchtige Pressefoto vor Ihrem inneren Auge sehen. Im ersten Teil des Textes habe ich dargelegt, dass der Wettbewerbscharakter beim Science Slam vor allem einen Zweck für die Zuschauer beinhaltet.

► „Der Science Slam hat seine Unschuld verloren, als es das erste Mal 5000 € zu gewinnen gab. Das war … unschön, wie sich Menschen da verhalten haben" – ein Science Slammer, der nicht genannt werden will.

Die meisten Science Slammer gehen mit „Wir alle gegen das Publikum" auf die Bühne. Wer wird am heutigen Abend der Wissenschaftler sein, der am meisten Emotionen aus den anwesenden Zuhörern herausbekommt? Das sorgt in den meisten Fällen für eine entspannte Atmosphäre bei den Slammern, wenn man denn überhaupt bei einer Bühnensituation von entspannt sprechen kann. Zerstören Sie dieses Miteinander von Wissenschaftskommunikatoren nicht mit der Aussicht auf einen Geldgewinn. Ein Pressebericht von einem Science Slam kann auch mit einem Gruppenfoto aller Teilnehmer genug Aufmerksamkeit auf sich ziehen. Auch kann ein Textzusatz in einem Bericht über die Veranstaltung noch wirksamer sein, zum Beispiel, dass Sponsor XY nicht nur die Anreise der jungen Wissenschaftler finanziert hat, sondern auch die Teilnehmer mit einer Gage entlohnt hat, und so etwas für den wissenschaftlichen Nachwuchs tut.

7.3.3 Das Drumherum

Ein Wissenschaftler, der sich auf eine Bühne traut, um über seine Forschung zu sprechen, ist auch nur ein Mensch und kein Bühnenprofi. Die meisten Science Slammer nehmen teil, weil sie Freude daran haben. Behalten Sie das im Hinterkopf, wenn Sie Ihre Veranstaltung planen. Nach einem Auftritt noch die Gelegenheit zu haben, etwas zu essen, weil man vorher nichts herunterbekommen hat, ist eine feine Sache. Auch gehen unterschiedliche Menschen auf verschiedene Arten mit Nervosität um. Manch ein Slammer kann sich nicht vorstellen, ohne ein auflockerndes Bier die Bühne zu betreten, auch gibt es einige, die grundsätzlich nur mit einem Bier in der Hand die Bühne überhaupt erst betreten, sei es um sich an etwas festzuhalten oder sei es als Hilfsmittel des Vortrages. Generell ist Science Slam nie eine trockene Veranstaltung, weder thematisch noch kulinarisch, weder auf noch vor der Bühne. Das ist ein Teil des Erfolgs des Formats. Sicher kann man einen Science Slam im Rahmen einer Tagung auch nachmittags abhalten oder vielleicht sogar morgens um zehn. Es wird unterhaltsam und informativ zugleich sein. Aber vermutlich ist der Spaß aufseiten der Zuschauer noch größer, wenn man diese Vorträge hört, die Wissenschaftler bewertet und sich mit seinen Sitznachbarn austauscht, wenn man dazu auch ein leicht alkoholisches Kaltgetränk in den Händen hat. Ich gehe hierbei davon aus, dass ein Normativ gilt, das die Option des Alkoholkonsums in den Abendstunden verortet.

Planen Sie genug Zeit ein bei der Durchführung des Science Slams. Bedenken Sie, dass Präsentationen von Science Slammern sich teilweise auch sehr auf Timing verlassen und unbedingt vorher in der Bühnensituation getestet werden sollten. Manch einem Slammer hilft es auch, die Bühne ohne Publikum schon einmal kurz betreten zu können. Auch sind reservierte Plätze für die Auftretenden etwas, das eingeplant werden sollte, zum Beispiel in der ersten Reihe oder an einem gesonderten Platz neben der Bühne.

7.4 Zusammenfassung

Warum Science Slam so erfolgreich ist, hat sicher viele Gründe. Meiner Einschätzung nach ist ein wichtiger Faktor der Wettbewerb, der vor allem für den Zuschauer inszeniert wird und weniger zum Ziel hat, unter den Slammern die oder den Besten zu ermitteln. Wenn man einen Slam bei einer Konferenz oder Tagung plant, ist es wichtig, diesen Umstand im Kopf zu behalten. Auch sollte man die Regeln als etwas hinnehmen, das bereits auf vielen Veranstaltungen ausgiebig getestet worden ist, und akzeptieren, dass manche Regularien einen Zweck erfüllen, der nicht auf den ersten Blick erkennbar ist.

Möchte man einen Science Slam selbst durchführen, sollte man die Kooperation mit Slammern und Moderatoren schon frühzeitig suchen. Profitieren Sie von der Erfahrung anderer und schaffen Sie sich selbst die Möglichkeit, positive Effekte für Ihre Tagung oder Konferenz aus diesem Programmpunkt zu ziehen – weit über die bloße Unterhaltung hinaus. Trauen Sie sich dieses Vorhaben ohne eine enge Themenfokussierung anzugehen und lassen Sie sich überraschen, aus welchen unerwarteten Disziplinen Gemeinsamkeiten zu finden sind. Vielleicht finden Sie sogar selbst unter Ihren Tagungsteilnehmern einen zukünftigen Slammer.

So unfair ein Science Slam vom Blickwinkel der Bewertung erscheint, so fair sollten Sie mit den Slammern umgehen, die den Abend tragen. Versuchen Sie nicht, durch ein kreatives Bewertungssystem dafür zu sorgen, dass der objektiv Beste gewinnt – Objektivität ist kaum zu erreichen. Sorgen Sie dafür, dass Ihre Zuschauer Spaß an der Sache haben. Nehmen Sie dafür die Slammer ernst und erwägen Sie eine Gage, eine gut vorbereitete Bühne und ein Umfeld, bei dem der Wissenschaftler vielleicht auch Lust bekommt, an anderen Veranstaltungen der Tagung oder Konferenz teilzunehmen.

Eine Veranstaltung, die Menschen zum Jubeln und Applaudieren animiert, bei der unaufdringlich Wissen vermittelt wird und bei der die Diskussion über komplizierte Sachzusammenhänge angestoßen wird, kann eine Tagung oder Konferenz sehr bereichern. Wenn ein paar Slammer auf einer Bühne an einem Abend zu so etwas in der Lage sind, können diese Menschen auch neben der Bühne für Faszination sorgen und vielleicht den Ausschlag dazu liefern, dass eine Konferenz länger als gewöhnlich im Gedächtnis der Teilnehmer verbleiben wird.

Fazit

Ich beanspruche nicht, die absolute Wahrheit über Slam zu kennen. Ich habe meine Erfahrungen mit Ihnen geteilt und habe versucht, Schlüsse daraus zu ziehen. Wenn Sie nicht wollen, dann müssen Sie auch nicht auf mich hören. Wenn Sie zweifeln, dann müssen Sie mir auch nicht glauben. Wenn Sie andere Erfahrungen gemacht haben oder zu anderen Schlüssen gekommen sind, dann schreiben Sie mir bitte – man lernt nie aus.

André Lampe wurde 1980 in Bad Oeynhausen geboren, durch Grund-, Realschule und Gymnasium gebracht, absolvierte seinen Zivildienst bei der JUH im Rettungsdienst und schloss 2010 mit dem Studium der Physik an der Universität Bielefeld ab. Während des Studiums war er unter anderem ehrenamtlicher Helfer im Katastrophenschutz, Physiklehrer an der MTA-Schule der städt. Kliniken Bielefeld, hielt bereits einige populärwissenschaftliche Vorlesungen und begann 2006 mit Poetry Slam und 2010 mit Science Slam. Er ist zurzeit noch Doktorand an der FU Berlin und am FMP Berlin, im Bereich Hochauflösungsmikroskopie. In seiner Doktorandenzeit war er Moderator des „Wissensmagazins" auf YouTube, drehte für ZDFneo einen Serienpiloten, war „Slammer des Monats" in der *GEO*, moderierte viele Veranstaltungen für diverse Stiftungen und vom BMBF. Bringt anderen Wissenschaftlern bei, wie man Science Slams macht, und ist Moderator der Fernsehsendung „TM Wissen" bei ServusTV. Er ist auch am „Siggener Kreis" beteiligt, der sich zum Ziel gesetzt hat, Leitlinien für gute Wissenschaftskommunikation zu erarbeiten und bloggt über Mikroskope unter scienceblogs.de/diekleinendinge/.

Digital Reality meets Live Event: Hybride Veranstaltungsformate – eine technik-soziologische Näherung

8

Thorsten Knoll

Zusammenfassung

Sind Live-Events heute wirklich noch zeitgemäß? Wird die virtuelle Realität die tatsächliche Face-to-Face-Kommunikation auf Zusammenkünften zukünftig ersetzen? Oder gibt es die Chance, die Vorteile beider Ausrichtungen nutz- und gewinnbringend zu vereinen? Die Analyse technischer und gesellschaftlicher Gegebenheiten betrachtet in einem Ausblick die Chancen hybrider Veranstaltungsformate im Zeitalter der digitalen Revolution.

Im Dezember 2012 wartete die Deutsche Bahn am Frankfurter Hauptbahnhof mit einer ganz besonderen Überraschung für ihre frühmorgens auf dem Bahnsteig harrenden Reisenden auf: 400 Nikoläuse entsprangen in einem inszenierten Flashmob dem eingefahrenen ICE, während auf dem Bahnsteig schon einbestellte Sänger „Santa Claus is Coming to Town" anstimmten. Die Nikoläuse schwangen vor den verdutzten Reisenden ihre Ruten, verteilten kleine Geschenke und stimmten schließlich mit dem Soulvirtuosen Max Mutzke in den Gesang ein. „Rentiere waren gestern. Die Bahn macht mobil."

Der Flashmob wurde durch eine umfassende Kameraunterstützung professionell aufgezeichnet, umgehend geschnitten und über soziale Netzwerke online gestellt. Die Aufzeichnung zu früher Morgenstunde lässt vermuten, dass die Anzahl der zu dieser Stunde nur in spärlicher Zahl auf ihren Zug Wartenden als Publikum von weniger Relevanz war, als die eigentlichen Adressaten der vorweihnachtlichen Werbekampagne: die Medienuser vor ihren Bildschirmen.

T. Knoll (✉)
TUBS GmbH, Berlin, Deutschland
E-Mail: knoll@tubs.de

T. Knoll (Hrsg.), *Neue Konzepte für einprägsame Events*,
DOI 10.1007/978-3-658-10155-8_8

Es gilt: je zeitlich näher die Übertragung am eigentlichen Event und je höher der daraus anscheinende Livecharakter, desto größer die zu erwartende Resonanz. Die Deutsche Bahn AG hatte innerhalb einer Woche mehr Klickzahlen, als im ganzen Jahr zuvor zusammengenommen. Das tatsächliche Live-Event am Hauptbahnhof erweckte in seiner nahezu zeitlichen Parallelität der Übertragung durch die sozialen Plattformen bei seinen Online-Betrachtern den Eindruck, selbst live vor Ort gewesen zu sein – ein freudiges Ereignis, das auch sie mit ihren Freunden online teilen wollten. Der positive Marketingeffekt der Bahn beruhte somit psychologisch auf einer vermeintlichen Verschmelzung von Live-Event und digitaler Realität, die geschickt inszeniert die Nachfrage des Marktes stillte und viel mehr Menschen die Möglichkeit zur Teilnahme bot, als der Bahnsteig hätte fassen können.

Am 2. April 2005 starb Papst Johannes Paul II. Zwei Tage später wird sein Leichnam zur Aufbahrung in den Petersdom transportiert. Zu dieser Stunde befinden sich Tausende Gläubige und Schaulustige auf dem Petersplatz und der zu ihm führenden Via Della Conciliazione, um live bei dem Ereignis dabei gewesen zu sein. Bilder der Menschenmenge gehen um die Welt. Vergleicht man sie mit der am selben Platz aufgenommenen Masse an Beobachtern nur acht Jahre später, als Papst Franziskus zum Nachfolger Benedikts gewählt wird, so ist eines offensichtlich: hellerleuchtete Smartphone-Bildschirme in fast jeder Hand, ein Lichtermeer über den Köpfen der Wartenden, bereit, schnellstmöglich das Ereignis mit Freunden zu teilen.

Die Wahrnehmung eines Events im Zeitalter des digitalen Wandels ist innerhalb von nur wenigen Jahren von einer bloßen Anwesenheit mit postumer Film- oder Fotoschau zu einem privat übertragenen Medienereignis mit Live-Charakter geworden, das den Wunsch nach unmittelbarer Verbreitung persönlicher Erlebnissen unterstützt und ihnen eine neue Qualität verleiht. Die Möglichkeit der unmittelbaren Versendung von Fotos, Filmen und Hörbeiträgen erhöht die eigentliche Teilnehmerzahl um ein Vielfaches und stillt bei den Empfängern (hoffentlich) Bedürfnisse, die sie aus unterschiedlichsten Gründen nicht selbst am eigentlichen Ort des Geschehens befriedigen können.

Der vielleicht dem jugendlichen Energiereservoir oder den beruflichen Erfordernissen geschuldete Wunsch, an möglichst vielen Ereignissen zeitgleich teilzuhaben, an möglichst vielen Orten gleichzeitig zu sein, blieb naturgemäß bis heute unerfüllt. Doch bieten die neuen sozialen Plattformen Potentiale, als Privatübertragung oder professionell organisiert diesbezüglich zur Bezaubernden Jeannie zu werden. Wenn auch nur in einer digitalen Welt des Wünsch-Dir-Was.

8.1 Digital Society

Der Jugend gehörte schon immer die Zukunft. Nicht erst im Zeitalter der digitalen Revolution. Die Ängste der Älteren formulieren sich in Kritik und Verweigerung – schon bei Platon, der an der Schrift monierte, sie zerstöre das Erinnerungsvermögen. Die Verbreitung des Leseverständnisses ebenso wie der Buchdruck wurden von denen abgelehnt, die bis zu diesem Zeitpunkt ohne eine derartige Neuerung gearbeitet hatten und durch das Leben gegangen waren.

Aufgewachsen als Digital Natives steht die Generation der in den letzten Dekaden des 20. Jahrhunderts Geborenen, denen die neuesten digitalen Technologien sozusagen in die Wiege gelegt wurden, dementsprechend häufig noch immer einer weisungsbefugten Obrigkeit gegenüber, die der Buch-, Film- und Fernsehgeneration entstammt und digitale Neuerungen zwar aus sicherem Abstand verfolgt, aber nicht unbedingt selbst in ihr Leben und Schaffen umfassend integrieren möchte. Ihr Selbstverständnis ängstigt die rasante Verbreitung digitaler Medien und ihre komplexen Anwendungsmöglichkeiten, denen sie nicht folgen können. Früher kam man persönlich zu Kongressen, früher waren Tagungen auch ohne digitale Partizipation ein Erfolg, früher war alles besser?

Als „Digital Immigrants", Personen, die erst im Erwachsenenalter die neuen Technologien erreichen und zu erobern versuchen, bezeichnet Marc Prensky sie in seinem 2001 in der Zeitschrift „On the Horizon" erschienenen, sehr lesenswerten Artikel „Digital Natives – Digital Immigrants". Kennzeichen der Immigranten allgemein: eine fremde Muttersprache, eine fremde Kultur, ein fremdes Aussehen. Bei ihm liest sich das so:

> The importance of the distinction is this: As Digital Immigrants learn – like all immigrants, some better than others – to adapt to their environment, they always retain, to some degree, their „accent," that is, their foot in the past. (…)Today's older folk were „socialized" differently from their kids, and are now in the process of learning a new language. [1]

Bekannt mit seiner in Reimform verfassten Gesellschaftskritik „Look up" wurde Gary Turk, wiederum ein Digital Immigrant, der seine Kindheit mit wilden Fahrradrennen verbrachte, statt vor einem Bildschirm: sein Youtube-Video erreichte bis heute fast 53 Mio. Klicks. „*A world of self-interest, self-image, self-promotion*" ist für ihn die Welt der Digital Natives.

Jede Generation prägen andere, gemeinsame mediale Erfahrungen. Die heute 15- bis 35-jährigen werden auch als „Generation Smartphone" bezeichnet, da die Nutzung des Mobiltelefons für sie elementarer Bestandteil ihrer Lebenswelt ist. Ob auf der Arbeit, in der Schule oder Universität, bei Freizeitaktivitäten und insbesondere in öffentlichen Verkehrsmitteln: das Handy ist immer dabei. Insbesondere den Smartphone-Usern unter ihnen, die die digitalen Vernetzungen über ihren Mini-Screen ausgiebig nutzen, wobei sich hier der private und dienstliche Einsatz der Geräte und Dienste zunehmend vermischt, schlägt die Kritik auf sozialpsychologischer Ebene ungebremst entgegen. Sie würden zwar sehr schnell auf Anfragen und Informationen eingehen, aber dadurch auch versäumen, komplexe Denkstrukturen anzuwenden und reflektiert zu reagieren. Doch steht dem gegenüber die Vermutung, dass der Umgang mit digitalen Medien das Lern- und Arbeitsverhalten, das persönliche Aufnahme- und Verarbeitungspotential schon allein durch den riesigen, ständig verfügbaren Informationspool verändert haben muss.

Das Arbeitsleben ist zunehmend durch Wissensarbeit und den Bedarf an Wissensarbeitern gekennzeichnet. Der Bereich der körperlichen Arbeit, der Produktion, in der es auf Muskelkraft ankommt, tritt dabei immer mehr in den Hintergrund.

> Wissensarbeit ist die Bewältigung von Aufgaben, die zumindest für die betreffende Person so komplex oder neuartig sind, dass ihre Erfahrungen nicht ausreichen, um zu dem erwünschten Ergebnis zu kommen, so dass es für sie notwendig wird, neues Wissen zu erwerben, zu integrieren, oder zu entwickeln. [2]

Wissensarbeiter schaffen Wissen, verteilen Wissen, wenden Wissen an. Wissensarbeiter arbeiten mit ihrem Wissen, ihrer umfangreichen Vorbildung oder den Erfahrungen anderer. Sie sind Tüftler, agieren unabhängig oder in Gruppen, zumeist verbunden durch digitale Medien. Eine ausreichende Vernetzung in jeder Form ist heute Grundvoraussetzung. Soziale Netzwerke unterstützen den Prozess der Wissensarbeit und erlauben den Austausch von Informationen mit Menschen, die zuvor von der Arbeit und Existenz des anderen unter Umständen gar nicht wussten.

Diese neuen Arbeitsweisen und Arbeitsmodelle prägen unsere Gesellschaft und das Smartphone ist dabei das Hilfsmittel der ersten Wahl, das den Informationsaustausch beschleunigt und erleichtert. Wie smart so ein tragbarer Minicomputer allerdings macht, bleibt im Endeffekt doch wohl eine Frage der Anwendung und des Users. Pro und contra wird generationsübergreifend diskutiert, wobei das eigentliche Hinterfragen insbesondere von Seiten der Digital Immigrants erfolgt, denn für die Digital Natives ist die digitalisierte Gesellschaft Selbstverständlichkeit.

Die Diskussion um den Einsatz digitaler Technologien – ob im Informations- und Kommunikationsbereich des Dienstleistungssektors, zu dem auch die Organisation und Durchführung von Veranstaltungsformaten gehört, oder im privaten Sektor – wiederholt stets den gleichen Argumentationskanon:

Vorteile

- Beschleunigte Kommunikation
- Bessere Erreichbarkeit durch standortunabhängige Kommunikation
- Persönlichere Kommunikation bei Video-Telefonaten statt Anrufen (auch wenn der Augenkontakt durch den Blick auf den Bildschirm statt in die Kamera fehlt)
- Höhere Spontaneität in der Zusammenkunft bei online Konferenzen
- Umfängliche und weitreichende Speicher- und Zugriffsmöglichkeiten durch Cloud-Systeme
- Ortsunabhängiges Arbeiten
- Erleichterung der Vereinbarung von Familie und Beruf

Nachteile

- Informationsflut durch starke Zunahme von E-Mails geringerer inhaltlicher Relevanz
- Permanente Erreichbarkeit, auch im Privatleben, und dadurch erhöhter Stress
- Fehlende Konzentration in persönlichen Meetings, da durch das Smartphone abgelenkt
- Potentielle Fremdzugriffe auf Speichermedien

Es ist offensichtlich, wie nah Vor- und Nachteile beieinander liegen. Ist man beispielsweise stets erreichbar, bleibt man zwar immer im Kommunikations- und Informationsfluss. Gleichzeitig gerät man aber auch unter den Druck, zu jeder Tages- und im internationalen Verkehr wohl auch Nachtzeit vermeintlich verfügbar sein zu müssen, um der Konkurrenz standhalten zu können. Stichwort „Entgrenzung der Arbeitszeit": Arbeitszeitverdichtung, Arbeitszeitverlängerung, ständige Verfügbarkeit. In den meisten „white collar" -Dienstleistungsspektren wird inzwischen wie selbstverständlich unterwegs oder zu Hause weit über die tariflich vereinbarte Arbeitszeit hinaus gearbeitet. Diese Ausmaße im Interesse der Gesundheit ihrer Mitarbeiter zu minimieren, ist schon heute Anliegen von Unternehmen, wie z. B. den großen Autoherstellern Daimler, BMW, Audi oder Volkswagen, aber auch der Deutschen Telekom. Das Durchdringen des Feierabends und gar des Urlaubs und somit des Privatlebens und der Erholung per Smartphone wurde durch strikte Verzichtserklärungen oder Sperrungen der Accounts nach Arbeitsschluss ein Riegel vorgeschoben. Die Varianten reichen von einer Löschung der nach Dienstschluss eingehenden Mails und der damit verbundenen Mitteilung an den Versender über eine alternative Kontaktadresse in Rufbereitschaft bis hin zu der Möglichkeit, sich die außerbüroliche Arbeitszeit zumindest finanziell anrechnen zu lassen, wenn dadurch für den Mitarbeiter oder die Mitarbeiterin die Vereinbarung von Beruf und Familie erleichtert wird.

Unbegrenzte und immer weiter ausufernde Möglichkeiten, die einen persönlichen, vernunftgesteuerten Umgang erforderlich machen, aber deren allgemeiner Nutzen jeden Nachteil negiert. Ja, es ging früher auch anders, aber die Post wird im Allgemeinen doch auch nicht mehr mit der Kutsche transportiert. Die Digital Society hat moderne Informations- und Kommunikationstechnologien akzeptiert und in ihr Leben integriert, ob am Arbeitsplatz oder zu Hause oder irgendwo dazwischen. Datenspeicher kursieren nicht nur in Form von Bezahlkarten und multifunktionalen Personalausweisen. Gestiegene Anforderungen an die Vernetzung ermöglichen eine problemlose Globalisierung von Leistungen. Auf Informationen wird überwiegend digital zugegriffen, finanzielle Transaktionen online getätigt. Der Einkauf erfolgt bei Amazon, Zalando, Ebay oder Online-Lieferservices, die einem frische Lebensmittel und Fertiggerichte ins Haus bringen. Demnächst vielleicht mit Drohnen. 24/7. Sofern man will.

8.2 Digitale Medien – digitale Möglichkeiten

Es ist erst wenige Jahr her, dass am 9. Januar 2007 auf der Macworld Conference & Expo in San Francisco Steve Jobs das I-Phone und damit das erste Smartphone der Welt präsentierte. Das I-Phone markierte einen Quantensprung in der Entwicklung der Digitalen Revolution auf der Basis des Internets. Gab es schon längere Zeit UMTS-Modems bzw. UMTS-Datenkarten als nützliche Peripheriegeräte, die mit Hilfe einer SIM-Karte eine Verbindung zwischen einem Computer oder einem mobilen Laptop und einem Internetdienstleister unter Nutzung des UMTS-Mobilfunknetzes ermöglichte, sollte es von nun an möglich sein, immer und überall, soweit die Netze tragen, das Internet und seine Anwendungen über ein vergleichsweise kleines Mobilfunkgerät nutzen zu können. Mit dieser Innovation begann ein ungeahnter Entwicklungsschub, dessen Ende bislang noch bei weitem nicht absehbar ist. Aus dem Handy wurde das Smartphone, ein mobiler Rechner mit Telefonfunktion und Kamera. In nur wenigen Jahren verdrängte es das klassische Handy und machte es zu einem Exoten innerhalb der mobilen Telekommunikation. Führende Handyhersteller, die diesen Trend verschliefen oder technisch nicht folgen konnten, wie Nokia, Blackberry oder Ericsson, waren die ersten Opfer eines dynamischen Prozesses, an dessen Ende mit Apple und Samsung zwei zeitgemäße Epigonen des digitalen Zeitalters standen und noch stehen.

Der weltweite Siegeszug mobiler Endgeräte (Mobile Devices), deren steigende Leistungskapazität mit der Neuentwicklung spezieller Anwendungssoftware einhergeht, hält an. Durch „Whatsapp", einen Dienst, der eine noch stärkere soziale Vernetzung und eine noch schnellere und direktere Erreichbarkeit manifestierte, verstärkte sich 2009 die Nachfrage immens. Bereits heute nutzen 800 Mio. Menschen täglich aktiv Whatsapp (und das, ohne dass das Unternehmen einen einzigen Cent in Werbung investiert hätte!). Mit der Einführung des I-Pads wiederum von Apple ab dem Jahr 2010 konnte durch den damit einsetzenden Tablet-Boom die Basis für mobile Anwendungen wiederum erheblich erweitert werden.

Insbesondere durch die seit 2010 fortgesetzte flächendeckende Einführung des LTE Standards anstelle der älteren UMTS Netzte ermöglichen die fast überall verfügbaren Breitbandnetze eine ständige Kommunikation in Form von Sprache und Daten. Überall und zu jeder Zeit zu zahlbaren Preisen online gehen zu können, ist mit der Anwendung von LTE für jeden finanzierbar geworden. Ob Streaming Angebote für Weiterbildung im Sinne von Webinaren oder Massive Open Online Courses (MOOCs) oder die schnelle digitale Face to Face Kommunikation via Skype, alles ist möglich – in Echtzeit und an jedem Ort. Immer ausgefeiltere Anwendungen insbesondere durch immer anwendungsfreundlichere Application Software (Apps) in Verbindung mit weltweit zugänglichen webbasierten Diensten machen mobile Geräte schon heute für viele Nutzer zur persönlichen Zentrale für die Gewinnung und die Weitergabe von privaten und beruflichen Daten. Neben dem Einholen von Informationen durch vielfältige Fahrplan- und Navigationsapps, dem Lesen von Zeitschriften und Büchern, der medizinischen Überwachung von Biodaten bieten die mobilen Anwendungen aber vor allem die Möglichkeit des Teilens von Informationen durch den Austausch von Texten, Bildern und Filmen mit einzelnen Programmen, wie Whatsapp oder Instagram, sowie durch Plattformen, wie beispielsweise Twitter oder auch Facebook. Laut einer Umfrage der amerikanischen Beratungsgesellschaft Accenture aus dem Jahr 2013 sind sich 73 % von über 400 weltweit befragten IT-Manager sicher, dass Mobility stärkere Auswirkungen auf ihr Unternehmen haben wird, als zuvor das Internet.

In Zukunft werden Smarte Technologien wie interaktive Touchscreen-Lösungen, 3-D Auflösungen und vor allem Spracherkennungsmodule eine weitere Vielzahl innovativer interaktiver Anwendungen mit sich bringen. Anwender können unter anderem Texte diktieren, Begriffe suchen oder sich per Spracheingabe zum nächsten Restaurant navigieren lassen. Übersetzungsprogramme wie Babelfish bieten bereits heute komplette Übersetzungen in gängige Sprachen über Spracherkennungssysteme in teilweise bereits befriedigender Qualität an. Aufträge können zu jeder Zeit, an jedem Ort erteilt werden. Bezahlfunktionen sind nicht mehr an Bargeld oder Kreditkarten gebunden. Das Flugticket bleibt bis zum Abflug papierlos. Mobility ermöglicht es, dass Nutzer in permanent vielfältiger werdenden Situationen ihre Endgeräte einsetzten können. Die neue digitale Welt hat das global village in nur wenigen Jahren zur Realität werden lassen. Ob im tiefsten Dschungel Kambodschas, auf den höchsten Bergen des Himalayas oder vor Ort in Midtown Manhattan: jeder ist mit jedem zu jeder Zeit vernetzt und hat die Möglichkeit, sich auszutauschen oder Geschäfte zu tätigen.

Cloud-Dienste erlauben dabei eine einfache Synchronisation von Daten über eine steigende Zahl von persönlichen Geräten. Speziell durch die Nutzung von Apps werden riesige Datenmengen von Unternehmen gesammelt, die dem Konsumenten passgenaue Dienste versprechen. Die wunderbare Welt des digitalen Zeitalters birgt aber genau an dieser Stelle auch hohe Risiken. Nicht erst seit den Enthüllungen des Whistleblowers Edward Snowden über die Abhöraktionen der NSA von mobilen Endgeräten hoher politischer Funktionsträgerinnen und -träger ist die Sicherheit von Daten in den Fokus des öffentlichen Interesses gerückt. Big Data erlaubt es Anbietern von Dienstleitungen via Apps sehr präzise Rückschlüsse etwa auf das Konsum- und Freizeitverhalten oder auf biometrische Daten oder politische und gesellschaftliche Einstellungen von Individuen oder einzelner Zielgruppen zu ziehen und auszuwerten.

Ein Beispiel dafür, wie weit Unternehmen die Daten ihrer Kunden auswerten und welche Schlüsse daraus gezogen werden können, haben Kay Julius Evers und Prof. Dr. Björn Bloching zum Thema „Big Data" im Rahmen des Retail Summit 2013 in Hamburg geschildert. Sie berichteten, dass insbesondere amerikanische Kreditkartenunternehmen in der Lage sind, eine Scheidung ihrer Kunden anhand gespeicherter Kundendaten innerhalb der nächsten Jahre zu prognostizieren. Werden beispielsweise durch einen Ehemann häufiger Pralinen und Blumen gekauft, nachdem die Begleichung einer Hotelrechnung – jeweils für eine Nacht und zwei Personen im Herkunftsort – per Kreditkarte erfolgte? Scheidungen gelten in den USA als eines der größten Bonitätsrisiken und sind somit für die Kreditkartenunternehmen und ihre Kundendatenanalyse besonders interessant.

Der gläserne Mensch ist im digitalen Zeitalter zumindest als Konsument somit keine Zukunftsvision mehr. Viele Apps und kleinere Programme leisten sehr gute Dienste, wenn es um die Erfassung großer Datenmengen geht. Diese Möglichkeiten haben auch längst schon die Veranstaltungsbranche erreicht. Immer mehr Veranstalter von Konferenzen und Tagungen bieten ihren Besuchern mobile Event-Apps an, die im Einzelnen später erläutert werden. In Zeiten steigender Smartphone- und Tablet-Nutzung sind diese Apps zu einem wichtigen Werkzeug in der Eventindustrie geworden, nicht mehr länger nur ein Trend, sondern ein neuer Standard, den Planer weltweit anbieten können, um den Erwartungen der Teilnehmer gerecht zu werden.

Streaming

Während das Sharing häufig mit einem Download zur Speicherung verbunden ist, geht es beim Streaming nur um die temporäre Nutzung von beispielsweise Filmdateien während des Betrachtens. Hierfür wird eine Datei aus einem Archiv über schnelle Datennetze auf die Festplatte in den hierfür vorgesehenen temporären Ordner geladen, kann aber bereits während des Downloads genutzt, gehört, gesehen werden. Der Nutzer beabsichtigt im allgemeinen nicht, eine Kopie zu speichern.

Insbesondere auf dem Musikmarkt hat sich diese Entwicklung durchgesetzt. Die Zahl der Nutzer von Streaming-Angeboten wie Spotify steigt zunehmend, insbesondere bei der Altersgruppe von 14–29 Jahren, die schon zu mehr als 50 % zu den Nutzern gehört. Diese Musik-Streaming-Dienste sind bei einem begrenzten Musikangebot kostenfrei mit Werbeunterbrechungen oder per werbefreiem Abo gegen Gebühr zu nutzen. Als neuestes Angebot auf dem Markt kündigte jetzt auch Apple die Einführung eines kostenpflichtigen Musik-Streaming-Dienstes an.

Die gleichzeitige Übertragung und Wiedergabe insbesondere von Videodateien per Internet haben auch Einzug in die modernen Tagungsformate gehalten. Kannte man bisher Fernseh- oder Radio-Live-Übertragungen, so erschließt der Online-Markt in Verbindung mit webbasierten Endgeräten auf unbürokratische Art ganz neue Nutzer- und Zuschauergruppen. Livestreams, auch als Web-TV bezeichnet, unterscheiden sich insbesondere auch von Fernsehübertragungen durch die nicht – wie im Rundfunkgesetz vorgesehen – an die Allgemeinheit gerichtete Ausstrahlung. Es handelt sich stattdessen um eine auf Anforderung und Betreiben des Nutzers in direkter Verbindung zwischen Medienserver und Rechner erstellte Verbindung. Der Nutzer bestimmt dabei, welche Inhalte er empfangen möchte.

Moderne Tagungsformate können auf dieser Basis ihre Programmangebote erweitern oder, wie bei digitalen Formaten, ganz darauf beruhen und durch per Medien zugeschalteten „Besucher" ihre Teilnehmerzahlen entscheidend erweitern. Einige der Veranstaltungen werden per Live-Stream oder Live-Schaltung über digitale Kanäle vom regionalen Event zum internationalen Happening.

Sharing

Das Schlagwort der „Shareconomy" ist seit wenigen Jahren in aller Munde. Standen am Beginn dieser Entwicklung insbesondere illegale Tauschbörsen, auf denen Musik oder Filme geteilt wurden, im Fokus des Interesses, so sind es heute ganze Wirtschaftszweige, die ausgehend von der Idee des Teilens aus dieser frühen Schattenwirtschaft entstanden sind. Die vielen erfolgreichen Car-Sharing Unternehmen in unseren Städten sind sichtbares Zeichen dieses neuen Trends.

Aber auch das Teilen von immateriellen Dingen wie Meinungen, Eindrücken und Erlebnissen in Echtzeit über Kontinente hinweg, ist zu einem dauerhaften

Grundbedürfnis vieler Menschen geworden. Ob Digital Native oder Digital Immigrant: mit der wachsenden Zahl von Smartphones und Tablets nimmt der Umfang an Bildern, Videoclips und Daten unaufhörlich zu, die beruflich oder privat von Einzelnen oder Gruppen geteilt werden.

Sharing ist somit zu einem wichtigen Bestandteil moderner Kommunikationsformen geworden, ohne die der immense Erfolg von Plattformen wie Facebook oder Programmen wie Whatsapp nicht erklärbar wären. Aber auch Bloggs und Twitter-Nachrichten gehören in diese Kategorie der Basis eines permanenten Austauschens über Grenzen hinweg.

Dabei birgt Sharing auch eine Reihe von Partizipationsmöglichkeiten im Veranstaltungsbereich. Teilnehmer haben die Möglichkeit, sich rasch zu vernetzen und auszutauschen, mit anderen Teilnehmern ebenso wie mit Referenten oder Ausstellern. Blogger oder Tweeds informieren sowohl Teilnehmer innerhalb der realen Veranstaltung als auch den Rest der Welt über das Geschehen vor Ort. Nicht zuletzt ermöglicht Sharing eine ungeahnte mediale Werbemaschinerie der im Kettenbriefverfahren geteilten Informationen, durch die schon die eine oder andere bei Facebook angekündigte Party ungeahnte reale Ausmaße annahm.

8.3 Live Events auf dem Wege zur Partizipation

Live Events als Mittel der Information, des Handels, der Kundenbindung und nicht zuletzt des Vergnügens sind von jeher fester Bestandteil eines wachsenden Veranstaltungsmarktes. Sportevents und Incentives sind Teil unserer Alltagskultur geworden. Messen und Tagungen, Kongresse und Konferenzen sind unverzichtbar für den Austausch von Waren, Dienstleistungen sowie Wissen und der jährliche Besuch ist – je nach Angebot – Pflicht und Kür in einem.

Die unterschiedlichen Angebote lassen eine Kategorisierung in drei Hauptgruppen zu:

- Galas, Eröffnungen, Incentives, Sport-und Kulturereignisse: Schwerpunkt besonderer Anlass mit Ereignischarakter
- Messen und Ausstellungen: Schwerpunkt Präsentation von Produkten und Dienstleistungen
- Kongresse, Konferenzen, Meetings: Schwerpunkt inhaltlicher Austausch durch Kommunikation

Die Formate können einzeln, aber auch bei Groß-Events in Kombination stattfinden. Offensichtlich ist eine zunehmende Digitalisierung der Gesamtveranstaltung oder in einzelnen Segmenten. Insbesondere in Form von Ergänzungsangeboten im Bereich der Live Kommunikation. Drei digitale Elemente sind dabei von besonderer Bedeutung: Streaming, Sharing und Event Apps.

Event-App

Seit Jahren gibt es eine größere Anzahl von Anbietern für Event-Apps. Sie sind Grundlage einer digitalen Durchdringung des Eventbereichs und öffnen der hybriden Veranstaltung die Tore. Die Einbindung von Event-Apps in Live Events ermöglicht neben der klassischen Anmeldung und Registrierung zusätzliche Features, die grundlegend auf der Nachfrage nach Aktualität, Kontakt und Partizipation beruhen.

Durch webbasierte Anwendungen sind die Event-Apps individuell auf allen gängigen Smartphones und Tablets zu nutzen und können dem Teilnehmer vom Veranstalter ohne Zuhilfenahme eines App-Stores direkt zur Verfügung gestellt werden.

Vorteile des Veranstalters

- Eine erhebliche Reduzierung des betrieblichen Aufwandes bei der Anmeldung und Registrierung der Teilnehmer inkl. der Verwaltung von Teilnehmerdaten durch automatisierte Registrierungsprozesse.
- Die direkte Platzierung von digitalen Sponsoren- und Ausstellerinformationen in Detailansicht mit der Möglichkeit des Speicherns in der Favoritenliste der Aussteller sowie eine zeitnahe Auswertung der Klickzahlen der Teilnehmer (valide Evaluation für die Sponsoren und Aussteller).
- Eine einfache Anbindung der Veranstaltung an soziale Netzwerke wie Xing, Linkin oder Facebook.
- Die direkte Integration von Medieninhalten wie Videofilme oder tagesaktueller Bildergalerien
- Die Möglichkeit einer zeitnahen Vortragsbewertung durch die Teilnehmer und einer Optimierung der Veranstaltung durch umfassende Feedbackabfragen.
- Die unmittelbare und umfassende Erstellung von Teilnehmerprofilen zur Optimierung weiterer Veranstaltungen durch die Analyse von Reiserouten, Übernachtungen, Matching- bzw. Gesprächsterminen sowie der Laufwege und Aufenthalte während der Veranstaltung.
- Geringerer Ressourcenverbrauch und eine spürbare Verringerung der Druckkosten.

Vorteile des Veranstaltungsbesuchers

- Eine schnelle und einfache Anmeldung und Registrierung zu Beginn der Veranstaltung.
- Das Programm, parallele Veranstaltungsstränge, Referenten- und Teilnehmerlisten sind jederzeit abrufbar.
- Bereitstellung von aktuellen Informationen und Push Nachrichten (z. B. Programmänderungen im Veranstaltungsablauf, Hinweise auf wichtige Termine)
- Zeitplanmanagement durch Kalenderfunktionen für den Besuch ausgewählter Sessions- und
- Gesprächstermine (Matching-Funktionen).
- Navigationshilfen durch Wegbeschreibungen zum Veranstaltungsort und zu einzelnen Veranstaltungsbereichen (Konferenz- und Seminarräume, Saalpläne, Ausstellerverzeichnisse mit den dazugehörigen Ausstellungsflächen, Parkplatzhinweise)
- Durch iBeacon erhalten registrierte Nutzer beim Betreten bestimmer Veranstaltungsbereich aktuelle Informationen und direkte Hinweis z. B. umfassende Ausstellerinformationen, Programmabläufe oder auch das Cateringangebot auf ihr Smartphone.
- Einfache Vernetzung mit anderen Teilnehmern und Ausstellern z. B. durch Live Matching- und Chat-Tools
- Partizipationsmöglichkeiten durch Live-Voting-Tools, Twitterwalls sowie durch direkte Weitergabe von Fragen und Diskussionsbeiträgen an die Referenten.

Auch wenn das Live Event zunehmend digitale Angebote in Organisation und Ablauf integriert, so bleibt es doch eine Veranstaltung mit realen Teilnehmern vor Ort. Im Gegensatz zur Digital Reality: hier ist die Anreise unnötig, da die Zielgruppe über webbasierte Medien vom eigenen Schreibtisch aus aktiv wird.

8.4 Digital Reality

Der Technik-Nerd verbringt einen Großteil seiner Lebenszeit vor dem Bildschirm. Warum sollte ausgerechnet er Interesse daran haben, für eine Tagung seinen Drehstuhl zu verlassen, viel Zeit und Geld zu investieren, wenn doch die Möglichkeit besteht, unter Nutzung vorhandener digitaler Technologien und ohne großen Aufwand mindestens den gleichen Output zu erzielen?

Im Grunde genommen erfüllt schon ein Telefongespräch zwischen zwei Personen die Grundzüge eines virtuellen Meetings. Die Visualisierung gehört nicht zu den grundlegenden Voraussetzungen. Im Allgemeinen handelt es sich bei der Digital Reality aber um eine umfangreiche Live Veranstaltung im Internet mit vielen Teilhabern durch motivierend niedrige technische Barrieren.

Hauptsächliche Anwendungsbereiche sind:

- Live-Streaming-Übertragungen,
- virtuelle Konferenzen und Kongresse,
- virtuelle Messen und Ausstellungen,
- virtuelle Mitarbeiterversammlungen von Großunternehmen,
- virtuelle Werbeveranstaltungen für Einzelprodukte von Anbietern,
- Webinare

Webinar

Der Begriff Webinar ist eine Wortneuschöpfung aus „World Wide Web" und „Seminar" und drückt damit schon den inhaltlichen Lehrveranstaltungscharakter aus. Neben dem überwiegenden Einsatz im Bereich des E-Learnings werden sie für Online-Pressekonferenzen und Produkteinführungen mit zusätzlichen Produkterläuterungen genutzt. Technisch basiert das Webinar auf einer Verbindung von Webcast, d. h. einer online-Übertragung eines Beitrags, mit einer Videokonferenz.

Das Webinar ist ein typischer Vertreter der Digital Reality:

- Es gibt einen festen Zeitrahmen zu einem festgelegten Thema
- Die Teilnehmerzahl ist unbegrenzt
- Die Teilnahme vor Ort ist nicht erforderlich
- Die Übertragung erfolgt webbasiert, technische Voraussetzung ist lediglich eine Internetverbindung.
- Es besteht die technisch unaufwändige Möglichkeit der Kommunikation zwischen Vortragendem und virtuellem Teilnehmer per Chat-Funktion oder Videokonferenz.

Die Teilnahme an einem Webinar erfolgt in wenigen Schritten über die Auswahl von Thema und Datum und die folgende Registrierung beim Webinar-Anbieter, die durch eine Email mit einem Link rückbestätigt wird. Dieser Link ist zum angegebenen Termin der Zugang zum Webinar. Im Anschluss daran bieten Referenten häufig über eine Videokonferenz oder einen Chat eine Fragerunde an.

Dieser Vorgang läuft bei den meisten anderen digitalen Tagungsformaten vergleichbar ab: Zu Beginn einer virtuellen Zusammenkunft begeben sich alle Teilhaber in den dafür vorgesehenen virtuellen Raum. Ihre „Eintrittskarten“ haben sie als Zugangsdaten in Form von telefonischen Einwahlnummern und Konferenz-Codes oder einem Internet-Link bei Webkonferenzen erhalten. Die Teilnahme obliegt einer geschlossenen Gruppe oder ist für alle mit Zugangscode offen.

Virtuelle Zusammenkünfte können synchron, aber auch asynchron, im Grunde sogar auf Email- oder Web-Foren-Basis verlaufen. Es gilt aber immer, und das ist wichtig, eine zeitliche Begrenztheit, die vorab festgelegt wird und nicht durch das angestrebte Erreichen eines Ergebnisses definiert ist. Diese Begrenzung motiviert oder baut Druck auf, animiert aber darüber auch zur aktiven Beteiligung. Eine weitere Säule ist die Konzentration auf ein abgegrenztes Thema, das moderiert oder unmoderiert erörtert wird, ohne dafür ein Belohnsystem (z. B. Teilnahmebescheinigungen) zur Motivation zu nutzen. Als Belohnung muss die Teilnahme an sich gelten, die Möglichkeit sich einzubringen, der Wissenszuwachs.

Praktische Anwendung erfahren diese Formate auch im Bereich Messen und Ausstellungen. Der Messebereich hat sich in den letzten Jahrzehnten zunehmend von reinen Order- und Verkaufsmessen zu Kontakt-Plattformen gewandelt, in deren Fokus die Generierung von Leads sowie die Bereitstellung von Produktinformationen und die Beratung der Besucher liegen. Dieses kann auch online erfolgen. Der potentielle Kunde der Messe erhält Zugang und kann sich „vor Ort“ in einer virtuellen Messehalle einen Überblick über das gesamte Angebot der Aussteller verschaffen, Vorträge anhören, Informationen über Pläne und Inhaltsangaben vergleichen und über eine Videokonferenz direkten Kontakt zu Experten aufnehmen. Die virtuelle Umgebung vermittelt dem Teilnehmer auf Kundenseite eine erweiterte Auswahl an Waren und Expertengesprächen, den Anbietern die Gewinnung einer neuen, eher reiseunlustigen Klientel, die Möglichkeit zur globalen Information und zu weltweitem Absatz.

Die zu Beginn des Jahrtausends bestehende Angst, dass diese Form von Parallelwelt das reale Messewesen weitgehend ersetzen könnte, hat sich nicht bestätigt. Das „Second Life“-Szenario ist sekundär geblieben, was die Annahme nahelegt, dass diese Form des Handelns sich erst etablieren kann, wenn überzeugte Digital Natives an Einfluss gewinnen und aus verschiedensten Gründen der persönliche Kontakt, das haptische Erfahren und die Gefühlsebene rationalen und ökonomischen Gesichtspunkten untergeordnet werden.

8.5 Live Events vs. Digital Reality

„When dealing with people, let us remember we are not dealing with creatures of logic. We are dealing with creatures of emotion, (...) .“
Dale Carnegie

Live Events mit virtuellen Zusammenkünften zu vergleichen, mag wie der Vergleich eines Röhrenfernsehers mit einem Flachbildschirm erscheinen. Alles hat seine Zeit, alles seine Vor- und Nachteile. Doch sollte es im Falle der Tagungsformate nicht möglich sein, die Vorteile – wirtschaftlicher, finanzieller, ökologischer oder aber auch emotionaler Art – beider zu vereinen?

Live Events „berühren". Durch die Inanspruchnahme aller Sinne können sie auf direktem Wege aktivieren, inspirieren, motivieren und eine starke Gefühlsbasis aufbauen, die der Begeisterung förderlich ist und Brücken schlagen kann zwischen den Teilnehmern und der Message. Aber zudem zwischen den einzelnen Teilnehmern, die auch außerhalb des Tagungsprogramms vertrauensvoll Geschäftsbeziehungen knüpfen und Akquise oder Wissenserwerb betreiben. Auge-in-Auge, face-to-face. Daneben sollte natürlich nicht vergessen werden, dass so mancher Veranstaltungsort einfach eine Reise, einen Tapetenwechsel wert ist. Und dass das Rahmenprogramm der Teilnehmer für viele doch immer noch wichtiger Bestandteil ist - ein Gruppenerlebnis mit Klassenfahrtcharakter. Gemeinsam erfahren, austauschen, vermitteln, gemeinsam wohnen, essen und die Freizeit verbringen, auf Flussfahrten, bei Besichtigungen oder in Workshops. Live und in Farbe. Und schmeichelt es der eigenen Eitelkeit nicht auch ein wenig mehr, bei einem vor Ort gehaltenen Vortrag sein gesamtes Publikum applaudieren zu sehen, statt allein vor der Heimkamera oder im Studio zu posieren? Der vor Ort gehaltene Redebeitrag begrenzt zwar die Teilnehmerzahl, aber die, die anwesend sind, sind das mit allen Sinnen.

Digitale Tagungsformate sind schon aus ihrem Wesen heraus sehr technikaffin. Ohne den Einsatz digitaler Technologien keine digitalen Tagungsformate. In der Anwendung zeigt sich die Professionalität: Die Übertragung ebenso wie auch die Vorträge und Präsentationen verzeichnen im Output eine beachtenswert hohe Qualität bei einer zudem unbegrenzten medialen Reichweite, einer vorrätigen Speicherung des Events ebenso wie der Kundendaten für Evaluation und Werbung.

Das Live Event stößt im Vergleich auch bei Einbeziehung von Sharing und Event Apps nicht nur räumlich an Grenzen. Bei virtuellen Meetings, Messen oder Konferenzen registriert zwar niemand mehr, ob ein Teilnehmer gelangweilt anfängt, auf dem Stuhl zu kippeln. Der fehlenden Unmittelbarkeit im Kontakt stehen aber Vorteile gegenüber, die der virtuellen Waagschale im Vergleich Gewicht verleihen und die sich in fünf Kategorien unterteilen lassen:

- Die räumliche und zeitliche Flexibilität: virtuelle Tagungen sind nicht an Orte oder Veranstaltungsräume gebunden. Sie könnten demzufolge bei Bedarf auch spontan, ohne langen Planungszeitraum angesetzt werden.

- Die Flexibilität der Teilnehmerzahl: die mediale Übertragung der Zusammenkunft ermöglicht eine grenzenlose Partizipation.
- Die Reichweite: die mediale Zuschaltung ermöglicht auf Wunsch eine Internationalisierung auf dem Weg zum global village.
- Die Demokratisierung: Barriereabbau und freier Zugang.
- Die Ressourceneinsparung: Die Teilhaber sparen Zeit (Anreise, Rahmenprogramm etc.) und Geld (Reise- und Übernachtungskosten, hohe Teilnahmegebühren) und schonen dabei die Umwelt durch verminderten CO2-Ausstoß. Den Nachhaltigkeitsgedanken spiegelt auch die digitale Speicherung der Events für eine zukünftige Nutzung wider.

Live Events und virtuelle Veranstaltungen verfolgen dieselben Ziele, in einer grundverschiedenen Umsetzung. So grundverschieden wie auch die passiven Teilnehmer oder aktiven Teilhaber und ihre Ansprüche, Bedürfnisse und Wünsche sind, wobei sich diese nicht rein nach Digital Natives und Digital Immigrants trennen. Warum also nicht einmal versuchen, beiden gerecht zu werden?

8.6 Hybride Events

Wenn die Welt der Kommunikation sich ändert, wenn die sozialen Medien eine weltumspannende Vernetzung und virtuelle Teilhabe ermöglichen, dann greift auch der Markt des Eventbereichs jetzt zunehmend diesen Trend auf und setzt ihn für sich – auf dem Grundstein der Live Events fußend und die Vorteile der digitalen Zusammenkünfte nutzend – in ein Konglomerat beider um: das hybride Event. Der Begriff „hybrid“ bezeichnet aus Verschiedenartigem Zusammengesetztes, von zweierlei Herkunft Stammendes. Diese Eigenschaften haben auch die hybriden Veranstaltungs- und Lernformate inne, die schon jetzt mit großem Erfolg Verbreitung finden.

Hybride Events sind reale Events, die allerdings durch die virtuelle Möglichkeit einer Teilnahme eine moderne Ergänzung zum bisherigen Eventgeschehen schaffen. Diese Ergänzung ist aber keine reine Hinzufügung zeitgemäßer Akzente, sondern erfolgt integrativ, beide Seiten achtend. Die neuen Tagungsformate zeichnen sich vorrangig dadurch aus, dass sie zeitnah, interaktiv und nachhaltig sind. Durch schnelleren Datenverkehr liefern sie vielfältigere Nutzungsmöglichkeiten und rasante Zugriffsgeschwindigkeiten.

Die Interaktion findet im Veranstaltungsverlauf zwischen den realen Teilnehmern des ebenso realen Events und den virtuellen Teilnehmern statt. Sie generieren neue Formen eines im besten Falle globalen Networkings und bieten einen großen Nutzen und ggf. zusätzliche Erlöse für alle Gruppen. Die Partizipation im virtuellen Raum und Interaktion mit real anwesenden Teilnehmern kann durch PC oder Laptop, per Tablet oder Smartphone erfolgen. Soziale Plattformen wie Facebook, Bloggs, Youtube, Xing und Twitter unterstützen die Kontaktaufnahme. Die Nutzung von Apps, QR-Codes oder Augmented Reality ermöglichen Interaktion und Austausch zwischen den Teilnehmern, den Veranstaltern und den Referenten in unmittelbarer Form und extremer Zeitgleichheit von Ereignis, Kommunikation und Reaktion. Die Teilhaber der Veranstaltung können so auf alle relevanten Informationen zugreifen, auf Teilnehmerlisten, Programme, Handouts oder Vorträge. Sie können miteinander kommunizieren oder den Referenten im Chat befragen, können direkt Antworten erhalten und ein Feedback abgeben. Völlig neue Kommunikationsstrukturen auf den Veranstaltungen generieren einen brainstormartigen, weltweiten Gedankenaustausch ohne Limits, Regularien und Scheuklappen.

Und auch für den Veranstalter fallen Grenzen: die der Anzahl der Teilnehmer und den damit verbundenen Unterbringungsmöglichkeiten, die der Möglichkeiten, Teilnehmer über neue Programmpunkte zu informieren und insbesondere auch die der Profilerstellung und Datenerhebung, die hier – wie unter Big Data geschildert – nicht immer nur auf Grundlage von Meinungsumfragen zur Zielgruppenbestimmung und -befriedigung erfolgt.

Insbesondere Barcamps mit ihren jährlich steigenden Veranstaltungszahlen, hoch aktuell und stark sozial vernetzt, gehören zu den Pionieren hybrider Events, bei denen sowohl reale Teilhabe als auch aktive Online-Partizipation erwünscht ist. Aber auch der Bildungsmarkt mit seiner großen Nachfrage und nahezu unbegrenzten Teilnehmerschaft – vom Schüler über Studenten bis zu Fort- und Weiterbildungswilligen – ist eine ideale Basis, digitale Formate auch in ihrer hybriden Ausprägung anzubieten und ihre Effizienz zu evaluieren.

MOOC

MOOC steht für die webbasierte Bildungsveranstaltung „Massive Open Online Course".

- „Massive" bezieht sich auf eine Teilnehmerzahl von über 150, bei der nicht mehr jeder Teilnehmer persönlich bekannt ist. MOOCs belegen bis zu 100.000 Personen.
- „Open" in Zulassungsbeschränkungen formaler Art, Teilnehmerzahl, bei bestimmten Ausrichtungen auch in den Lernzielen und dazu kostenfrei
- „Online", webbasiert und dadurch ortsunabhängig
- „Course", da kein netzbasiertes Bildungsangebot, sondern als Lehrveranstaltung mit festen Terminen, Lehrenden, Betreuern und anderen Studierenden sowie durchkonzeptionierten Themenblöcken angelegt. Die Inhalte werden häufig durch Wechsel von Videosequencen und Multiple-Choice-Fragen vermittelt.

MOOCs sind keine gestreamten Videokonserven, sondern nach individuellen Bedürfnissen maßgeschneiderte Kurse. Der Unterricht kann off- oder online erfolgen, angeleitet oder in Eigenregie, allein oder gemeinschaftlich und in einer Kombination von Präsenz- und Online-Phasen. Der erste MOOC kam 2008 auf den Markt der Online-Lehrveranstaltungsangebote, 2011 bot die Stanford University in diesem Format drei Informatik-Online-Seminare an. Im selben Jahr fand, initiiert durch die Universität Frankfurt, auch in Deutschland der erste MOOC statt. Die Teilnehmerschaft liegt im allgemeinen bei einem Altersdurchschnitt von etwa 35 Jahren, wobei fast die Hälfte auch der erste MOOC in Deutschland bereits einen Masterabschluss, 10 % schon promoviert hat. Das Interesse bei Studenten in erster Ausbildung scheint gering, was an der mangelnden Anerkennung der online absolvierten und somit in ihrer Erbringung nicht überprüfbaren Prüfungsleistungen liegen mag.

Bei der Ausdifferenzierung der verschiedenen entweder seminar- oder vorlesungsähnlichen MOOC-Formen, die zumeist reine Digital-Reality-Veranstaltungen sind, fällt der bMOOC, der blended oder gemischte MOOC als hybrides Format auf. In ihm kombinieren sich universitäre Präsenzveranstaltungen nach Curriculum und Seminar-cMOOCs und nehmen damit den Teilnehmern die Anonymität des reinen Digitalformats bei möglicher anerkannter Prüfungsleistung. Die Nachfrage nach den bMOOCs, den hybriden Langzeit-Veranstaltung, wächst. Die Anzahl der Prüfungen steigt bei sinkender Durchfallquote.

Während der bMOOC durch seine zeitliche und inhaltliche Limitiertheit die Ansprüche einer digitalen Zusammenkunft erfüllt, ist die Mischung von Präsenz- und Onlinezeiten hier aber eine Form der Hybridisierung, die ihre reinste Form erst in der Weiterentwicklung zu zeitlicher Parallelität von Live und digitalem Event findet. Wie am Beispiel des Webcasts.

Unterstützendes Live oder Event Webcasting

Ein Webcast ist eine mediale Präsentation, die über ein webbasiertes Streamingangebot verbreitet wird. Live oder Event Webcasting unterstützt hingegen durch direkte Übertragung (im Gegensatz zu Angeboten on demand) Tagungsaktivitäten und bietet die zusätzliche Möglichkeit der medialen Interaktion zwischen Event und virtuellen Teilhabern des digitalen Tagungsformats. In aktuellen Ausprägungen findet die Interaktion dabei nicht mehr nur zwischen den virtuellen Teilnehmern und den Referenten oder Veranstaltern statt, sondern zusätzlich kommunizieren die leibhaftig bei der Veranstaltung Anwesenden mit den beiden Gruppen: ein hybrides Event!

Während die einen Teilnehmer einer Tagung sich persönlich begrüßen und ihre Visitenkarten austauschen, sitzen wenige andere an ihren heimischen oder Büro-Schreibtischen und sind von dort per Internet zugeschaltet. Im Verlauf der Zusammenkunft werden alle über Stunden miteinander „networken“: per Webcast live Sitzungen verfolgen und sich per Fragestellung einmischen – intern wie extern, wobei gerade die Anwesenheit der Teilnehmer vor Ort den virtuell Partizipierenden neue und spannende Aspekte verleiht, dem effizienten und globalen Networking die Tür öffnet und der sonst digitalen Veranstaltung ihre reine Virtualität nimmt.

Hybrides Konferenz- und Kongresswesen
Gerade im Bereich der Informationsgenerierung und des Informationsaustausches auf Konferenzen und Kongressen wird angestrebt, die virtuelle Zielgruppe zusätzlich zu den präsenten Teilnehmern zu erweitern und noch mehr Personen die Möglichkeit zu geben, Vorträge nicht nur am Arbeitsplatz zu verfolgen, sondern auch Kontakte zu knüpfen und sich aktiv einzubringen.

Durch die per Livestream erfolgte Übertragung von gefilmten Keynotes, Diskussionsbeiträgen und Workshops des entsprechenden Tagungsformats direkt auf das Smartphone oder den PC kann jeder mit Zugangscode die Zusammenkunft online verfolgen. Power-Point-Präsentationen oder weitere Multi-Media-Inhalte lassen sich zusätzlich im Webcast-Fenster einblenden. Und nicht zuletzt kann sich der virtuelle Teilhaber per Live Video selbst zuschalten lassen und so von jedem internetfähigen Ort auf der Welt aus teilhaben. Eine Speicherung der Aufzeichnungen und zeitversetzte Abrufung on demand ist möglich.

Der Trend von reiner Präsenz, über analoge und digitale technologische Unterstützung hin zu hybriden Zusammenkünften mit dualem Angebot ist insbesondere auf dem Markt der Tagungsformate unübersehbar, lukrativ und zukunftsweisend.

8.7 Techniksoziologische Folgeabschätzung

Technologische Entwicklungen lassen sich – einmal losgetreten – nur schwer stoppen. Gibt es die Möglichkeit, so wird sie genutzt, risikoabschätzend oder -verneinend. Der auf digitaler Grundlage basierende Partizipationsgedanke verändert den Tagungsbereich und schafft dabei weitreichende Freiräume neben gesellschaftlichen und datentechnischen Schwachstellen.

- **Teilhabe ist die neue Teilnahme**: Unser Leben wird online geprägt über digitale Interaktion und Rückkopplung. Ein Trend, dem sich auch die Veranstaltungsbranche nicht verschließen kann. Zukünftig wird es kein erfolgreiches Tagungsformat ohne die Einbeziehung von Social Media geben.
- **Erhöhtes Risiko für Referenten**: Die Einbindung der digitalen Übertragung in das Live-Event als hybrides Tagungsformat erleichtert die grenzenlose Kontaktaufnahme, die Speicherung einen demokratisierenden Zugriff on demand. Vertrauensvolle Face-to-face-Kommunikation ebenso wie intern zu diskutierende Vorträge gehören damit der Vergangenheit an oder müssen in geschütztem Rahmen stattfinden, den das hybride Event während der Übertragung nicht bietet.

In Vorträgen verwandte Folien, Grafiken und Filme laufen Gefahr, unautorisiert via Internet zugänglich gemacht und verteilt zu werden. Die Referenten digitaler und hybrider Konferenzen müssen sich der Risiken international nicht immer strenger Datenschutzrichtlinien und der dadurch erleichterten Verletzung des Urheberrechts bewusst sein. Die Empfehlung der lokalen Datenablage und der ausschließlichen Nutzung vertrauenswürdiger Server und Cloudsysteme sollte zur auf internationalen Tagungen veröffentlichten Standartinformation werden.

- **Der gläserne Teilhaber**: Die weitreichenden Möglichkeiten der Informationserhebung, –speicherung und –auswertung per Big Data auf digitalen Tagungen findet in hybriden Events noch eine Steigerung. Und damit auch ein weiteres Risiko. Die unter der Vorgabe einer individuellen Bedürfnisbefriedigung der Teilhabenden oder unangekündigt durchgeführte Profilerstellung ermöglicht hier eine Analyse mit Schlussfolgerungen und unautorisierter Weiterverwertung der gewonnenen Personendaten, die in Konflikt mit den individuellen Persönlichkeitsrechten steht.
- **Von der anspruchsvollen Tagung zum zielgruppenaffinen Format**: Die Zielgruppe erlangt auf dem umkämpften Markt der Anbieter von Zusammenkünften eine immer größere Bedeutung. Jeder ist bemüht, Teilnehmer und Teilhaber zu gewinnen. Und während man zuvor versuchte, im Konkurrenzkampf immer höheren, weitgehend objektiven Ansprüchen gerecht zu werden, erlaubt die Datenauswertung ehemaliger Tagungsbesucher durch Big Data als positiven Aspekt eine Zielgruppenanalyse, auf deren Grundlage die Veranstalter sehr zielgruppenaffin agieren können. Die Werbung hat diese Grundsätze schon lange erkannt. Jetzt müssen auch die Tagungsveranstalter das Zielgruppenbedürfnis, die subjektiven Ansprüche der Rezipienten in das Zentrum ihres Handelns heben und gleichzeitig eine verstärkte Marktbeobachtung ausüben und sedieren, welche technologischen Entwicklungen sinnvoll ihre Ziele unterstützen können. Dieses ist der eigentliche Paradigmenwechsel in der Live-Kommunikation.
- **Immer smarter**: Die Nutzung von Mobile Devices wird in Zukunft eine immer stärkere Rolle in unserem Leben spielen. Mit jeder neuen Generation von Smartphones und Tablets, ihren Apps und Tools und der vermeintlichen Nachfrage danach und dem diese noch überschreitenden Absatz zeigt sich die zunehmende Durchdringung der Gesellschaft ebenso wie des Arbeitslebens. Auch und insbesondere das hybride Event wird sich da nicht ausnehmen.
- **Informationelle Demokratisierung**: Die ermöglichte Teilhabe an hybriden Live Event-Formaten auch derer, die dazu aufgrund von Beschränkungen finanzieller, zeitlicher, körperlicher, sprachlicher Art nicht in der Lage wären, spiegelt den Weg zur informationellen Demokratisierung und zu zunehmender Barrierefreiheit. Nicht zuletzt durch soziale Netzwerke. Die Aufzeichnung und Archivierung für zukünftige Nachfragen hat ebenso Anteil an dieser Grenzaufhebung wie der Übersetzungsdienst in gängige Fremdsprachen.

- **Weltreisende und Schreibtischtäter**: Entfernungen zu überwinden, war von jeher ein Hindernis. Die Entwicklung der Transportmittel erleichterte es, doch die durch die Digitalisierung unterstützte Mobilität verändert die Interaktion zwischen gesellschaftlichen Gruppen in gleicher Weise grundlegend. Zusammenkunft und Meinungsaustausch in größeren Gruppen muss nicht mehr in körperlicher Anwesenheit erfolgen. Das hybride Live Event verhilft dazu, die Grenze zwischen tatsächlich Vor-Ort-Befindlichen und medial zugeschalteten Besuchern der Veranstaltung zu verwischen und verhilft damit zu einer ganz neuen Dimension der Zusammenkunft.
- **Digital Native im Tagungsformat**: Wird es in 30 Jahren, wenn die Digital Immigrants in Rente sind, überhaupt noch Live Events mit Informationsgenerierung und Wissenserwerb geben? Wissen mag Macht sein, aber im Zeitalter der Informationsgesellschaft muss man nicht mehr alles wissen, sondern nur wissen, wo es steht. Oder die Suchmaschine bedienen. Die Generation der Digital Natives möchte mit dem Laptop im Café bei einem Latte Macchiato am Wissenstransfer teilhaben und setzt sich in Abwesenheit für reines E-Learning mit Anerkennung online erbrachter Examen ein. Oder begnügt sich mit dem reinen Wissenserwerb, bis im Arbeitsleben Nachweise und Zeugnisse erforderlich werden. Rettet das Live Event! Dazu gilt es, die Digital Natives für reguläre Veranstaltungen zu gewinnen, einer Generation Homeoffice die Face-to-Face-Kommunikation schmackhaft zu machen, hybride Veranstaltungsformate auch als gewinnende Werbemaßnahmen für reale Live Events zu betrachten.
- **Ungetrennte Lebenswelten**: Digital Natives trennen nicht mehr zwangsläufig zwischen realer und virtueller Welt. Beide Lebenswelten durchdringen einander und wären in der Wahrnehmung dieser Generation ohne den anderen Part ärmer. Die „Eingeborenen" mischen problemfrei und zumeist erfolgreich und haben damit die besten Grundvoraussetzungen für die Teilhabe an hybriden Tagungsformaten.
- **Individuelle Bedürfnisse**: Ob Digital Native oder Digital Immigrant wird zukünftig womöglich weniger Einfluss haben, als die jeweilige persönliche Einstellung und der eigene Anspruch. Denn in einer Welt der Globalisierung bleibt jeder doch ein Individuum, das sich in einem derart vergrößerten Rahmen verstärkt um sein Selbstbild und seine Außenwirkung kümmert, um in der Masse nicht unterzugehen. Dem Anspruch kann im Bereich der Tagungsformate nur gerecht werden, wer mehrgleisig anbietet und die persönliche Wahl der Fahrspur erlaubt. Dem einen das passive Streamen, dem anderen die Stadtrundfahrt, dem dritten die aktive Partizipation vom heimischen Schreibtisch.
- **Mensch bleibt Mensch**: Veränderungen in Arbeitsabläufen sind häufig mit technologischem Fortschritt und dessen Einsatz verbunden, der eine Abwägung von Nutzeffekt und Risiken voraussetzt. Digital Reality im Bereich von Tagungsformaten bringt Vorteile vielfältiger Art, jedoch wird die digitale Kommunikation, das digitale „Come Together" in naher Zukunft das Live Event, den

persönlichen Kontakt, den Vertrauensaufbau mit Augenkontakt und Handschlag nicht ersetzen können. Umso wichtiger erscheint vor diesem Hintergrund das hybride Event, das die Vorteile beider Formate vereint und eine auf persönlichen Ressourcen begründete Entscheidung erlaubt.

Wir stehen erst am Anfang eines tiefgreifenden Wandels, der nach vorne schauend eng verbunden ist mit den technischen Möglichkeiten, aber rückblickend ebenso abhängig von Sozialisation und Lebensweise. Während die Digital Natives es für absurd halten, eine Email auszudrucken oder telefonisch nachzufragen, ob sie angekommen ist, so erscheint es den Digital Immigrants, denen die Technologien nicht in die Wiege gelegt wurden, unglaublich, warum bei einer Londoner Konzertveranstaltung die Anwesenden sich die musikalische Liveübertragung per Kopfhörer anhörten und – im Konzertsaal mit Leinwand sitzend – auf ihrem Smartphone-Screen ansahen. So, als würde ein real an einer überschaubaren Konferenz Teilnehmender sein Laptop zücken, um sich nur online einzubringen.

Hybride Veranstaltungsformate erfüllen beidseitig Zielgruppenansprüche und vereinen damit Lebenswelten. Sie sind und bleiben ein Live-Event – tatsächlich, wie auch in der gestreamten Online-Übertragung mit Partizipationsmöglichkeit: Bei weltweiter Konkurrenz um Veranstaltungsteilnehmer ein Zeichen des Respekts vor Bedürfnissen und Wünschen – in Zeiten, in denen massenweise Nikoläuse live und nahezu in Echtzeit auf unserem Bildschirm mit der Deutschen Bahn anreisen.

Literatur

1. Prensky, M. 2001. Digital natives – Digital immigrants. *On the Horizon* 9 (5): 1–6.
2. Hermann, S. 2002. Herausforderung Wissensarbeit. *Personal* 54:10–14.
3. Carnegie, D. 2010. *How to win friends and influence people,* 14. New York: Simon & Schuster.

Dr. Thorsten Knoll
Herausgeber (Lebenslauf siehe Seite XVII)